JN313947

ライブラリ 数学コア・テキスト — 3

コア・テキスト
微分方程式

河東泰之 監修
泉 英明 著

サイエンス社

編者のことば

　理工系初年次の大学生にとって，数学は必須の科目の一つであり，また実際にその後の勉強，研究に欠かせない道具である．理工系の大学生はみな，高校までかなりの時間を数学の勉強に費やしてきたはずだが，大学に入って，数学の勉強に苦労した，どうやって勉強したらいいのかわからない，という声が多くある．もともと大学の講義や教科書は，高校までに比べ「不親切」といわれることが多く，抽象的過ぎて例や動機の説明が不足していたり，問題演習があまりないケースも少なくない．さらに演習問題があっても解答がなかったり，あるいはごく簡略であったりなど，高校までの数学学習の中心が問題演習であったことと大きく違っていることも戸惑いの原因の一つである．その上，高校までの課程も時代と共に変わってきており，これまで以上に，学生の立場に立った教科書が求められている．

　本ライブラリはこのような要請に応え，新たなスタイルの教科書を目指すものである．高校までの課程で数学を十分には学んでいない場合も考え，基礎的な部分からていねいに，詳しく，わかりやすく解説する．内容は徹底的に精選し，理論的な側面には深入りしない．計算を省略せず，解答例を詳しく説明する．実際の執筆は，大学でこのような講義を実践されている，若手だが経験と熱意にあふれている方々にお願いした．

　本ライブラリがこのような目的にかない，高校までの参考書，問題集と同様に，あるいはそれ以上に読者の皆さんの役に立ち，長い間にわたって手元においていただけるようになることを願っている．

2009 年 10 月

編者　河東泰之

はじめに

　この本は，理工系大学や工業高専でひととおり微分積分学の学習を終えた学生のための微分方程式の教科書です．
　微分方程式は，物理学・工学等においてさまざまな現象を記述するために広く使われており，その方程式の性質を調べることは，現象の解明に役立ちます．
　本書では微分方程式の理論の入門書として，常微分方程式に焦点をしぼりました．「微分方程式とは何か？」というところから始め，典型的な微分方程式の解法，連立微分方程式の解法，微分方程式の級数解などを解説します．
　この本の大きな特色は，さまざまなタイプの微分方程式を解説するだけでなく，同じタイプの方程式であっても式変形の仕方が異なるものは別の例題として取り上げ，多くの具体例を学習することで深い計算力を身につけることができる点です．また，従来の教科書では解答の計算の詳しい部分が省略されることがよくありましたが，この本では，できるだけ計算を省略せずに例題の完全な解答を載せているので，計算に自信がない人でもどんどん読み進んでいくことができます．みなさんは，例題を理解したら，その下にある問題を解いてみてください．問題は易しいものからしだいに複雑なものになるように並べてあります．章の終わりには，総仕上げとしてやや難易度の高い章末問題がありますのでチャレンジしてみてください．また，ところどころにコラムをもうけて，微分方程式に関連した話題として，積分因子，代数学の基本定理，境界値問題について取り上げています．
　この本を書くにあたって，サイエンス社の田島伸彦さん，渡辺はるかさんにはたいへんお世話になりました．心より御礼を申し上げます．

　2010 年 2 月

監修者　河東泰之
著　者　泉　英明

目　次

第0章　微分方程式とは　　1
0.1　微分方程式とは 1

第1章　1階微分方程式　　8
1.1　変数分離形 8
1.2　同　次　形 19
1.3　1階線形微分方程式 26
1.4　ベルヌーイの方程式とリッカチの方程式 30
1.5　全微分方程式 37
第1章　演習問題 43

第2章　高階微分方程式　　44
2.1　線形微分方程式 44
2.2　オイラーの公式と複素数値関数の微分 48
2.3　定数係数斉次線形微分方程式 (2階の場合) 52
2.4　定数係数斉次線形微分方程式 (一般の場合) 57
2.5　未定係数法 63
2.6　定数変化法 73
2.7　演算子法 78
第2章　演習問題 95

第3章　連立微分方程式　　96
3.1　連立微分方程式とは 96
3.2　行列の指数関数 99
3.3　連立微分方程式の解法 106
3.4　連立微分方程式の解の挙動 110
第3章　演習問題 130

目　　次　　　　　　　　　　v

第4章　微分方程式の級数解 — 131
4.1　級数解とは 131
4.2　確定特異点を持つ微分方程式 136
第4章　演習問題 145

付　録　近似解と存在定理 — 146

解　答 — 151

索　引 — 181

コラム一覧

積分因子について　42
代数学の基本定理　62
境界値問題　67

計算公式・解法索引

不定積分の公式　5　　　　　　リッカチの方程式の解法　31
変数分離形の解法　9　　　　　微分演算子の性質　78
同次形の解法　20　　　　　　　逆演算子の性質　83
1階線形微分方程式の解法　26　逆演算子の公式　84, 90
ベルヌーイの方程式の解法　30　行列の指数関数の公式　99

第0章 微分方程式とは

微分方程式とは何かということを理解しよう．また，基本的な微分積分の公式を復習しよう．

■ 0.1 微分方程式とは

$y = f(x)$ を x の関数とし，y' をその導関数 $f'(x)$ とする．3つの変数 x, y, y' についての等式

$$F(x, y, y') = 0$$

を **1階の微分方程式**という．また，さらに2階導関数 $y'' = f''(x)$ を含むもの

$$F(x, y, y', y'') = 0$$

を **2階の微分方程式**という．例えば，

$$xy' - 6y = 0 \tag{1}$$

は1階の微分方程式であり，

$$x^2 y'' + xy' \quad y - 0 \tag{2}$$

は2階の微分方程式である．一般に，最大で n 階までの y の導関数を含むような等式を n **階の微分方程式**という．

微分方程式が与えられたとき，それを満たす関数 $y = f(x)$ を見つけることを微分方程式を解くという．一般に，1つの微分方程式に対して，それを満たす関数はたくさんある．その関数の1つ1つを**特殊解**といい，それらを全部まとめたものを**一般解**という．(1) の一般解は

$$y = Cx^6 \quad (C \text{ は任意定数})$$

であり，(2) の一般解は

$$y = C_1 x + \frac{C_2}{x} \quad (C_1, C_2 \text{ は任意定数})$$

である．このように，微分方程式の一般解には原則として任意定数がいくつか入る．また，$y=x$, $y=\dfrac{1}{x}$, $y=2x-\dfrac{3}{x}$ 等は (2) の特殊解である．

さて，2つの微分方程式

$$y' = e^x \tag{3}$$

と

$$y' = y \tag{4}$$

は共通の特殊解 $y = e^x$ を持つが，一般解は

$$y = e^x + C \quad \cdots (3), \qquad y = Ce^x \quad \cdots (4)$$

と異なる．このように，微分方程式を解くときには任意定数の入る位置が重要になってくる．微分方程式の解を図示したものを**解曲線図**という．図 0.1, 0.2 は (3), (4) の解曲線図で，青線は (3), (4) 共通の特殊解である．

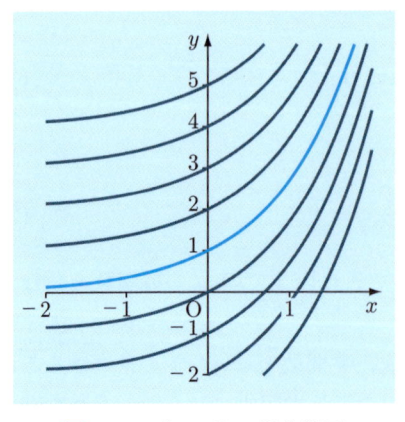

図 0.1 $y' = e^x$ の解曲線図 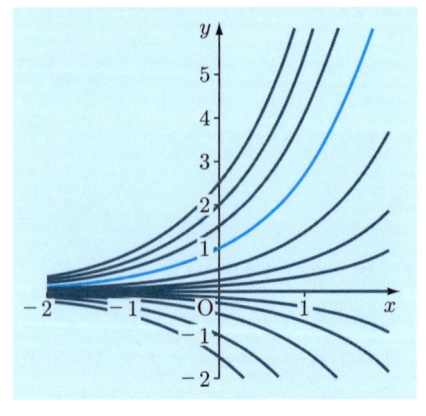　　**図 0.2** $y' = y$ の解曲線図

上に挙げた微分方程式は，x を独立変数とする 1 変数関数 $y = f(x)$ に関するものだった．このような微分方程式を**常微分方程式**といい，

0.1 微分方程式とは

$$\frac{\partial u}{\partial t} = \frac{\partial^2 u}{\partial x^2} \quad (u = u(t,\ x)\ は\ 2\ 変数関数)$$

および

$$\frac{\partial^2 u}{\partial t^2} = \frac{\partial^2 u}{\partial x^2} + \frac{\partial^2 u}{\partial y^2} + \frac{\partial^2 u}{\partial z^2} \quad (u = u(t,\ x,\ y,\ z)\ は\ 4\ 変数関数)$$

のように，2 変数以上の関数の偏導関数についての関係式を**偏微分方程式**という．本書では常微分方程式を取り扱う．

次に，微分方程式が具体的にどのように使われているか，例を見てみよう．

例 0.1　（半減期）　放射性元素 X の 1 個の原子は，単位時間に崩壊して非放射性元素に変化する確率が λ であるとする．時刻 t における X の個数を $y(t)$ とし，時刻 $t=0$ において，X が N 個ある，すなわち，$y(0)=N$ とする．時刻 t から $t+\Delta t$ までのわずかな時間において崩壊する個数は $\lambda y(t)\Delta t$ であるから，その時間における X の個数の変化 Δy は

$$\Delta y = -\lambda y(t)\Delta t$$

と書ける．これより，$\dfrac{\Delta y}{\Delta t} = -\lambda y(t)$ であり，$\Delta t \to 0$ とすると，微分方程式

$$y' = -\lambda y, \quad y(0) = N$$

が得られる．この解は，

$$y = Ne^{-\lambda t}$$

である．この式より，$t = \dfrac{\log 2}{\lambda}$ のとき $y = \dfrac{N}{2}$ になる．つまり，放射性元素の数が半分になる時間は，放射性元素の種類によって決まっている．この時間を**半減期**という．　□

例 0.2　（ロジスティック方程式）　時刻 t における人口を $y(t)$ で表す．もし，人口 1 人当たりの人口の増える割合（成長率）が一定であると仮定すると，

$$\frac{y'}{y} = R \quad (R\ は正の定数)$$

となり，この解は

$$y = y(0)e^{Rt}$$

となる．すなわち，人口は指数関数的に限りなく増大していく．しかし，居住空間や資源には限りがあるので，実際には人口が増えると成長率は減ると考えられる．その点を考慮して，上の方程式を変形し，

$$y' = Ry\left(1 - \frac{y}{K}\right) \quad (R,\ K\ \text{は正の定数})$$

とする．これを**ロジスティック方程式**という．この解は，

$$y = \frac{Ky(0)e^{Rt}}{K + y(0)(e^{Rt} - 1)}$$

であり，$t \to \infty$ のとき $y \to K$ である．すなわち，人口は一定値に近づいていく．

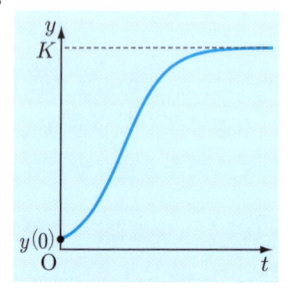

図 0.3 ロジスティック方程式の解のグラフ

例題 0.1 関数 $y = Ce^{ax}$ （$C,\ a$ は定数）は，微分方程式 $y' = ay$ を満たすことを示せ．

【解答】 $y = Ce^{ax}$ を微分すると，

$$\begin{aligned}
y' &= (Ce^{ax})' \\
&= C(e^{ax})' \\
&= C \cdot ae^{ax} \\
&= a \cdot Ce^{ax} \\
&= ay
\end{aligned}$$

よって，$y' = ay$ を満たす． □

例題 0.1 により，微分方程式 $y' = ay$ は任意定数 C を含む解 $y = Ce^{ax}$ を持つことが分かるが，$y = Ce^{ax}$ が一般解かどうか，すなわち，これ以外の解がないかどうかはまだ分からない．これについては例題 1.1 で説明する．

問題 0.1 (1) 関数 $y = C\sin ax,\ y = C\cos ax$ （$C,\ a$ は定数）は，ともに微分方程式 $y'' + a^2 y = 0$ を満たすことを示せ．

(2) 関数 $y = (ax + b)^2$ （$a,\ b$ は定数）は，微分方程式 $yy'' = \dfrac{1}{2}(y')^2$ を満たすことを示せ．

0.1 微分方程式とは

微分・積分の公式

これから微分方程式の解法を学ぶに当たって，微分積分学の知識が必要になる．特に重要な公式を下にまとめたので，できるだけ覚えるようにしよう．

不定積分の公式 （以下，$a \neq 0$ とし，C, C' は積分定数とする）

(1) $\displaystyle\int x^{\alpha}\,dx = \dfrac{1}{\alpha+1}x^{\alpha+1} + C$ （α は $\alpha \neq -1$ を満たす実数）

(2) $\displaystyle\int \dfrac{1}{x}\,dx = \log|x| + C$

(3) $\displaystyle\int e^{ax}\,dx = \dfrac{1}{a}e^{ax} + C$

(4) $\displaystyle\int \cos ax\,dx = \dfrac{1}{a}\sin ax + C$

(5) $\displaystyle\int \sin ax\,dx = -\dfrac{1}{a}\cos ax + C$

(6) $\displaystyle\int \dfrac{1}{\cos^2 ax}\,dx = \dfrac{1}{a}\tan ax + C$

(7) $\displaystyle\int \dfrac{1}{\sin^2 ax}\,dx = -\dfrac{1}{a}\cot ax + C = -\dfrac{1}{a\tan ax} + C$

(8) $\displaystyle\int \cosh ax\,dx = \dfrac{1}{a}\sinh ax + C$

(9) $\displaystyle\int \sinh ax\,dx = \dfrac{1}{a}\cosh ax + C$

ここで $\cosh x = \dfrac{e^x + e^{-x}}{2}$, $\sinh x = \dfrac{e^x - e^{-x}}{2}$ である（ハイパボリックコサイン x $\cosh x$, ハイパボリックサイン x $\sinh x$ を**双曲線関数**という）．

(10) $\displaystyle\int \dfrac{1}{a^2 + x^2}\,dx = \dfrac{1}{a}\mathrm{Arctan}\,\dfrac{x}{a} + C$

(11) $\displaystyle\int \dfrac{1}{\sqrt{a^2 - x^2}}\,dx = \mathrm{Arcsin}\,\dfrac{x}{a} + C$ $(a > 0)$

ここで アークタンジェント x $\mathrm{Arctan}\,x$ とは $\tan\theta_1 = x$ を満たす θ_1 $\left(-\dfrac{\pi}{2} < \theta_1 < \dfrac{\pi}{2}\right)$ のことであり，アークサイン x $\mathrm{Arcsin}\,x$ とは $\sin\theta_2 = x$ を満たす θ_2 $\left(-\dfrac{\pi}{2} \leq \theta_2 \leq \dfrac{\pi}{2}\right)$

のことである（$\tan\theta_1 = x$ のとき $\theta_1 = \arctan x$, $\sin\theta_2 = x$ のとき $\theta_2 = \arcsin x$ と書き，これらを**逆三角関数**という．特に，$-\dfrac{\pi}{2} < \theta_1 < \dfrac{\pi}{2}$, $-\dfrac{\pi}{2} \leq \theta_2 \leq \dfrac{\pi}{2}$ と限られた値域のとき，$\theta_1 = \mathrm{Arctan}\, x$, $\theta_2 = \mathrm{Arcsin}\, x$ と書き逆三角関数の**主値**という）．

(12) $\displaystyle \int \dfrac{1}{\sqrt{x^2+a^2}}\, dx = \log\left(x + \sqrt{x^2+a^2}\right) + C$
$\qquad\qquad\qquad = \mathrm{Arcsinh}\,\dfrac{x}{a} + C' \quad (a>0)$

(13) $\displaystyle \int \dfrac{1}{\sqrt{x^2-a^2}}\, dx = \log\left|x + \sqrt{x^2-a^2}\right| + C$
$\qquad\qquad = \begin{cases} \mathrm{Arccosh}\,\dfrac{x}{a} + C' & (x>0,\ a>0) \\ -\mathrm{Arccosh}\,\dfrac{|x|}{a} + C' & (x<0,\ a>0) \end{cases}$

ここで $\mathrm{Arcsinh}\, x$ とは $\sinh y = x$ を満たす y $(-\infty < y < \infty)$ のことであり，$\mathrm{Arccosh}\, x$ とは $\cosh y = x$ を満たす y $(0 \leq y < \infty)$ のことである（$\overset{\text{アークハイパボリックサイン } x}{\mathrm{Arcsinh}\, x}$, $\overset{\text{アークハイパボリックコサイン } x}{\mathrm{Arccosh}\, x}$ を**逆双曲線関数**という）．また，(12), (13) において積分定数の関係は $C' = C + \log a$ である．

(14) $\displaystyle \int \dfrac{f'(x)}{f(x)}\, dx = \log|f(x)| + C$

(15) $\displaystyle \int f(x)\, dx = F(x) + C$ のとき，$\displaystyle \int f(ax+b)\, dx = \dfrac{1}{a} F(ax+b) + C$

(16) $\displaystyle \int f'(x)g(x)\, dx = f(x)g(x) - \int f(x)g'(x)\, dx$ **（部分積分法）**

(17) $\displaystyle \int f(x)\, dx = F(x) + C$ のとき，$\displaystyle \int f(g(x))g'(x)\, dx = F(g(x)) + C$
$\qquad\qquad\qquad\qquad\qquad\qquad\qquad\qquad$ **（置換積分法）**

次に，合成関数の微分法，積の微分法などの公式を挙げる．

(18) **合成関数の微分法**
$\quad y$ が x の関数であり，$u = f(y)$ が y の関数であるとき，合成により u は x の関数である．このとき，u の微分は

0.1 微分方程式とは

$$\frac{du}{dx} = \frac{du}{dy} \cdot \frac{dy}{dx} = f'(y)y'$$

(19) **積の微分法**

$$(fg)' = f'g + fg'$$

(20) **ライプニッツの公式**

$$(fg)'' = f''g + 2f'g' + fg''$$
$$(fg)''' = f'''g + 3f''g' + 3f'g'' + fg'''$$

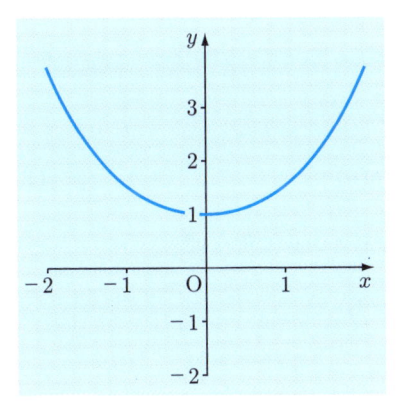

図 0.4　$y = \cosh x$ のグラフ

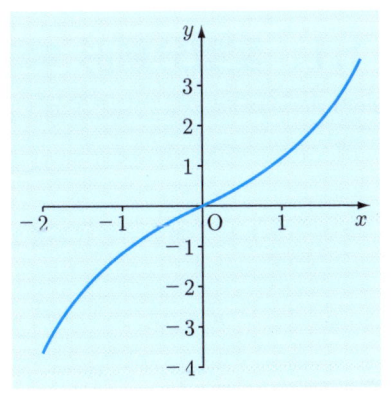

図 0.5　$y = \sinh x$ のグラフ

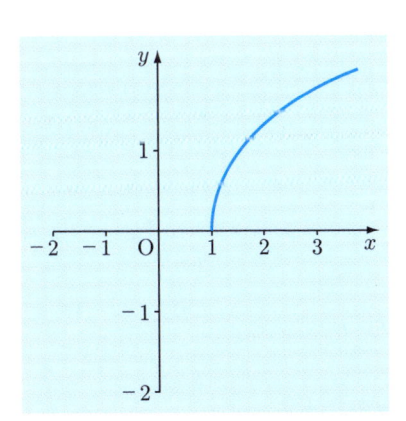

図 0.6　$y = \mathrm{Arccosh}\, x$ のグラフ

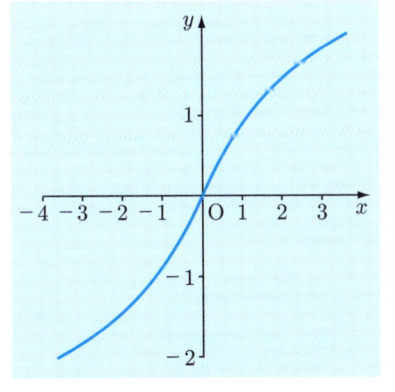

図 0.7　$y = \mathrm{Arcsinh}\, x$ のグラフ

第1章 1階微分方程式

1階の微分方程式と呼ばれる方程式のクラスについて学習しよう．1階の微分方程式は変数分離形・同次形・線形方程式等いくつかの種類があるが，典型的なパターンを学ぶことにより，微分方程式を積分を用いて解く，いわゆる求積法に習熟しよう．

■ 1.1 変数分離形

$f(x)$ を文字 x の式，$g(y)$ を文字 y の式として，

$$y' = f(x)g(y) \tag{1.1}$$

という形で表される微分方程式を**変数分離形**という．例えば，

$$y' = \underbrace{(x^2+1)}_{f(x)}\underbrace{(y^3-y)}_{g(y)}, \quad y' = \underbrace{\log x}_{f(x)} \cdot \underbrace{\cos^2 y}_{g(y)}$$

などは変数分離形の微分方程式である．また，

$$y' = \frac{x^2+1}{\sin y}$$

は，$f(x) = x^2+1$，$g(y) = \dfrac{1}{\sin y}$ とおけば，$y' = f(x)g(y)$ と書けるので変数分離形である．

変数分離形の微分方程式を解くには次のようにすればよい．(1.1) の両辺を $g(y)$ で割って，

$$\frac{1}{g(y)}y' = f(x).$$

次に，$y' = \dfrac{dy}{dx}$ と書き直し，両辺を x で積分すると，

1.1 変数分離形

$$\int \frac{1}{g(y)} \frac{dy}{dx} \, dx = \int f(x) \, dx$$

$$\int \frac{1}{g(y)} \, dy = \int f(x) \, dx \quad (\text{p.6 置換積分法より})$$

となる．ここで，$f(x)$ の不定積分を $F(x) + C_1$ とおき，$\dfrac{1}{g(y)}$ の不定積分を $G(y) + C_2$ とおくと（C_1, C_2 は積分定数），

$$G(y) + C_2 = F(x) + C_1$$

となる．ここで，$C = C_1 - C_2$ とおくと，積分定数を1つにまとめることができて，

$$G(y) = F(x) + C \tag{1.2}$$

となる．(1.2) を y について解けば (1.1) の一般解が得られる（y について簡単に解けないときはそのままでよい）．まとめると，次の公式が得られる．

変数分離形の解法

$y' = f(x)g(y)$ の解は

$$\int \frac{1}{g(y)} \, dy = \int f(x) \, dx + C$$

注意点として，(1.1) を解くときに両辺を $g(y)$ で割っているが，そのとき $g(y) \neq 0$ という条件を使っている．もし $g(y) = 0$ となる可能性がある場合は，上で求めた一般解とは別に，その場合の解を求める必要がある（例題 1.1 参照）．

微分方程式の解のうち，ある点における関数の値を指定したものを求めたい場合がある．例えば，微分方程式 $y' = x + y$ の一般解は

$$y = Ce^x - x - 1 \quad (C \text{ は任意定数}) \tag{1.3}$$

であるが，このうち，$x = 0$ のとき $y = 2$ となるものは，(1.3) に $x = 0$, $y = 2$ を代入して，

$$2 = C - 1$$

これより，$C = 3$ となる．よって求める解は

$$y = 3e^x - x - 1$$

である．このように，$x = a$ における値が $y = b$ となる（$y(a) = b$ と書く）特殊解を求めることを**初期値問題を解く**という．このとき $y(a) = b$ を**初期条件**という．初期値問題を解くことは，解曲線図において，点 (a, b) を通る曲線を求めることである．

> **例題 1.1** **log をはずす場合**
> (1) 微分方程式 $y' = ay$（a は定数）を解け．
> (2) (1) の解のうち，$x = 0$ のとき $y = 2$ となるものを求めよ．

【解答】 (1) $f(x) = a$，$g(y) = y$ とおけば $y' = f(x)g(y)$ と書けるので変数分離形である．$y' = ay$ の両辺を y（$\neq 0$ と仮定）で割ると

$$\frac{y'}{y} = a$$

つまり

$$\frac{1}{y}\frac{dy}{dx} = a$$

となる．両辺を x で積分して，

$$\int \frac{1}{y}\frac{dy}{dx}\,dx = \int a\,dx$$

$$\int \frac{1}{y}\,dy = \int a\,dx$$

$$\log|y| = ax + C \quad (C は任意定数)$$

となる．ここで，両辺の exp をとる（左辺の log をはずす）と

$$|y| = e^{ax+C}$$

となり，絶対値記号をはずすと，

$$y = \pm e^{ax+C}$$
$$= \pm e^C e^{ax} \quad (指数法則)$$

となる．ここで，$\pm e^C$ を定数 C' でおきなおすと，

$$y = C'e^{ax} \tag{1.4}$$

となる．この時点で，C' は 0 でない定数である．

　ここで最初の方程式 $y' = ay$ に戻る．定数関数 $y = 0$ に対して，$y' = 0$ だから，$y = 0$ は $y' = ay$ の解である．この解は，(1.4) で $C' = 0$ の場合にあたる．

　以上より求める一般解は

$$y = C'e^{ax} \quad (C' は任意定数)$$

である．

(2) 一般解の式に $x = 0$, $y = 2$ を代入すると，

$$2 = C'e^0 = C'$$

より，$C' = 2$．よって，求める解は

$$y = 2e^{ax}$$

である． □

注意 1.1 解答中，<u>両辺の exp をとる</u>とは，<u>等式 $A = B$ を等式 $e^A = e^B$ に変形すること</u>である．特に，左辺が $\log A$ の形になっているときは $e^{\log A} = A$ より，

$$\log A = B \iff A = e^B$$

となる．この変形はよく使うので覚えておこう．また，$|y| = A$ のように y に絶対値記号がついている場合は，y は A か $-A$ のどちらかであるから，

$$|y| = A \iff y = \pm A$$

（ただし，$A \geq 0$ とする）

となる．このように，両辺の exp をとったり，絶対値記号をはずしたりすることで，y について解くことができる場合がある．

問題 1.1 次の微分方程式を解け．
(1) $y' = xy$ 　　(2) $y' = \dfrac{y}{x}$

問題 1.2 初期値問題 $y' = 4y$, $y(1) = 2$ を解け．

例題 1.2　逆数の処理

微分方程式 $y' = (2x+3)y^2$ を解け.

【解答】 $y \neq 0$ と仮定して方程式の両辺を y^2 で割ると,

$$y^{-2} y' = 2x + 3$$

となる. 両辺を x で積分すると,

$$\int y^{-2} \, dy = \int (2x+3) \, dx$$
$$\frac{1}{-1} y^{-1} = x^2 + 3x + C$$
$$-\frac{1}{y} = x^2 + 3x + C \quad (C \text{ は任意定数})$$

となる. ここで, 両辺の逆数を取って,

$$-y = \frac{1}{x^2 + 3x + C}$$
$$y = -\frac{1}{x^2 + 3x + C} \quad (C \text{ は任意定数})$$

が求める一般解である. また, $y = 0$ も解(特殊解)になっている. □

注意 1.2　変数分離形の場合は, 左辺は必ず y だけの関数の積分, 右辺は必ず x だけの関数の積分になることに注意しよう.

　上の例題のように, 変数分離形の場合, 一般解のほかに定数関数が解になることがよくある. その理由は, 上の例題の場合, 最初に両辺を y^2 で割っている, つまり, $y \neq 0$ を仮定して解いているからで, $y = 0$ の場合は別扱いで考えなければならない. 両辺の割り算をしたとき, 定数関数解を持たないかどうかチェックしてほしい.

問題 1.3　次の微分方程式を解け.

(1) $y' = y^2 \sin 2x$

(2) $y' = \dfrac{y^2}{x^3}$

(3) $y' = e^{2x}(y+1)^2$

例題 1.3　逆関数の処理
微分方程式 $y' = x^2(y^2+1)$ を解け．

【解答】 方程式の両辺を y^2+1 で割って，
$$\frac{y'}{y^2+1} = x^2$$
となる．両辺を x で積分して
$$\int \frac{dy}{y^2+1} = \int x^2\, dx$$
$$\operatorname{Arctan} y = \frac{1}{3}x^3 + C$$
となる．両辺の tan をとって，
$$\tan(\operatorname{Arctan} y) = \tan\left(\frac{1}{3}x^3 + C\right)$$
$$y = \tan\left(\frac{1}{3}x^3 + C\right)$$

（C は任意定数）

が求める解である． □

注意 1.3
一般に，三角関数について，
$$\sin(\operatorname{Arcsin} x) = x,$$
$$\cos(\operatorname{Arccos} x) = x,$$
$$\tan(\operatorname{Arctan} x) = x$$
が成り立つ．双曲線関数についても同様に，
$$\sinh(\operatorname{Arcsinh} x) = x,$$
$$\cosh(\operatorname{Arccosh} x) = x$$
である．しかし，関数の合成を逆にした関係式，例えば $\operatorname{Arcsin}(\sin x) = x$ は主値の範囲
$$-\frac{\pi}{2} \le x \le \frac{\pi}{2}$$
でのみ成立し，それ以外の範囲では，

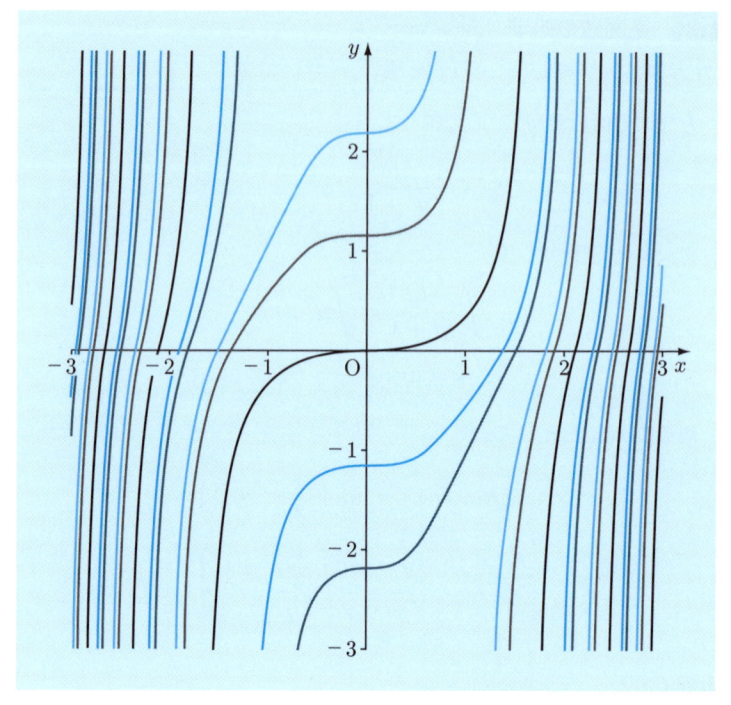

図 1.1 $y' = x^2(y^2+1)$ の解曲線図

$$\mathrm{Arcsin}\,(\sin x) = \begin{cases} \pi - x & \left(\dfrac{\pi}{2} \leq x \leq \dfrac{3\pi}{2}\right) \\ x - 2\pi & \left(\dfrac{3\pi}{2} \leq x \leq \dfrac{5\pi}{2}\right) \\ -\pi - x & \left(-\dfrac{3\pi}{2} \leq x \leq -\dfrac{\pi}{2}\right) \end{cases}$$

のように，π の整数倍を用いて主値の範囲に納まるように調整する必要がある．

問題 1.4 次の微分方程式を解け．
(1) $y' = \sqrt{1-y^2}$　　(2) $y' = 2x\sqrt{y^2+1}$
(3) $y' = 4+y^2$　　(4) $y' = e^{x+y}$

問題 1.5 初期値問題 $y' = \dfrac{1+y^2}{2y}$, $y(0) = -1$ を解け．

例題 1.4　y について解かない場合

次の微分方程式を解け．
(1)　$y' = y^3 \sqrt{x}$　　　　(2)　$y' = \dfrac{y}{2-3y}$

【解答】　(1) 方程式の両辺を y^3 で割って，両辺を x で積分すると，

$$\int y^{-3} \, dy = \int x^{\frac{1}{2}} \, dx$$

$$\frac{1}{-2} y^{-2} = \frac{2}{3} x^{\frac{3}{2}} + C$$

$$y^{-2} = -\frac{4}{3} x^{\frac{3}{2}} - 2C$$

$$= -\frac{4x^{\frac{3}{2}} + 6C}{3}$$

となるので，両辺の逆数をとって，$6C$ を C におきかえると，

$$y^2 = -\frac{3}{4x^{\frac{3}{2}} + C}$$

（C は任意定数）

が求める一般解である．また，$y=0$ も解である．

(2)　両辺に $\dfrac{2-3y}{y}$ を掛けて，x で積分すると，

$$\int \frac{2-3y}{y} \, dy = \int dx$$

$$\int \left(\frac{2}{y} - 3 \right) dy = \int dx$$

$$2\log|y| - 3y = x + C$$

（C は任意定数）

となり，これが求める一般解である．また，$y=0$ も解である．　□

注意 1.4

(1) の場合は，正負の平方根をとれば y について解けるが，複雑になるのでこのままでよい．(2) については，これまでに学んだ関数を使って y について解くことはできない．(1), (2) の解のように，x, y を含む等式で，y について解いた形になっていないものを**陰関数**という．たとえば，半径 r の円を表す方程式

$$x^2 + y^2 = r^2$$

は陰関数である．

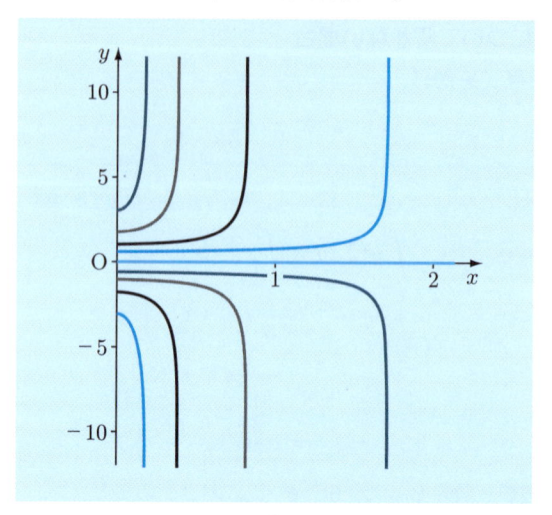

図 1.2 $y' = y^3 \sqrt{x}$ の解曲線図

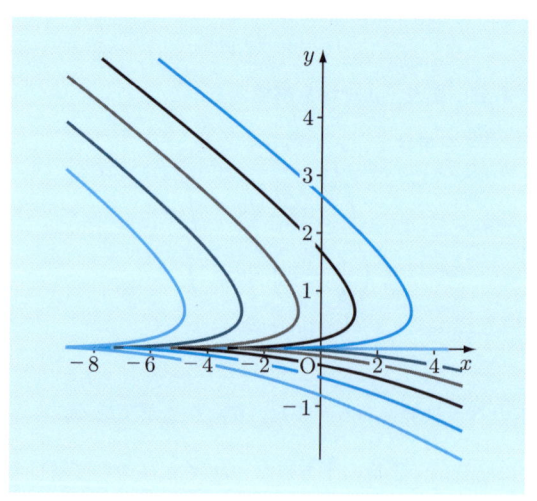

図 1.3 $y' = \dfrac{y}{2-3y}$ の解曲線図

問題 1.6 次の微分方程式を解け.

(1) $y' = \left(\dfrac{x+1}{y}\right)^3$
(2) $y' = \dfrac{3y^2}{y^2-5}$
(3) $y' = \dfrac{y^2+1}{2y+1}$

例題 1.5　変数分離形に帰着できる場合

微分方程式 $y' = (x - y - 3)^2$ を解け．

【解答】 $u = x - y - 3$ とおくと，u は x の関数で，微分すると，

$$u' = 1 - y'$$

であるから，$y' = 1 - u'$．これらを元の方程式に代入すると，

$$1 - u' = u^2$$
$$u' = 1 - u^2$$

これは，u について変数分離形の方程式なので，$u \neq \pm 1$ と仮定して，以下のように解く．

$$\int \frac{1}{1 - u^2} \, du = \int dx$$

部分分数展開

$$\frac{1}{2} \int \left(\frac{1}{1 + u} + \frac{1}{1 - u} \right) du = x + C$$

$$\frac{1}{2} (\log|1 + u| - \log|1 - u|) = x + C$$

$$\log \left| \frac{1 + u}{1 - u} \right| = 2(x + C)$$

$$\left| \frac{1 + u}{1 - u} \right| = e^{2(x + C)}$$

$$\frac{1 + u}{1 - u} = \pm e^{2C} e^{2x}$$

ここで，定数 $\pm e^{2C}$ を C でおきかえると，

$$\frac{1 + u}{1 - u} = C e^{2x}$$

u について解くと，

$$u = \frac{C e^{2x} - 1}{C e^{2x} + 1}$$

ここで，$u = x - y - 3$ より，

$$x - y - 3 = \frac{C e^{2x} - 1}{C e^{2x} + 1}$$

よって，

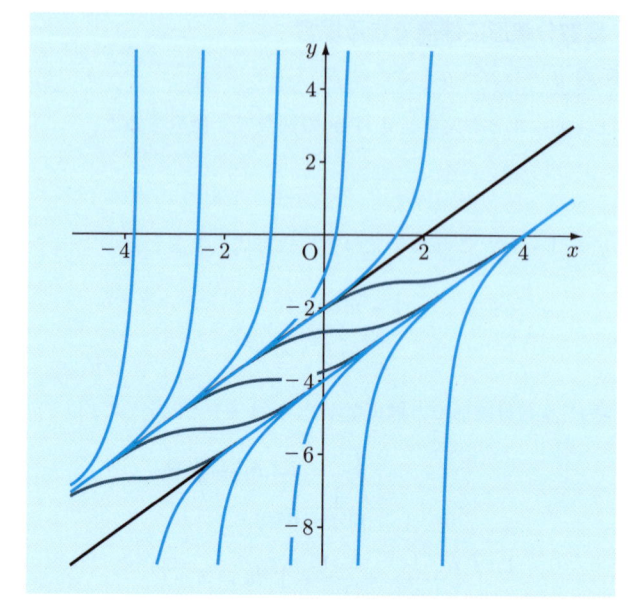

図 1.4　$y' = (x - y - 3)^2$ の解曲線図
（青色は $C < 0$，紺色は $C > 0$ の解に対応している）

$$y = -\frac{Ce^{2x} - 1}{Ce^{2x} + 1} + x - 3$$
$$= \frac{(x-4)Ce^{2x} + x - 2}{Ce^{2x} + 1} \quad (C \text{ は任意定数})$$

が求める一般解である．また，方程式 $u' = 1 - u^2$ において $u - 1 = 0$ も解であるから，$u = x - y - 3$ を代入して得られる $y = x - 4$ も解である． □

注意 1.5 このように，$y' = f(ax + by + c)$（a, b, c は定数）の形の微分方程式は，変数変換 $u = ax + by + c$ により，変数分離形に帰着できる．例題の方程式は1次関数の特殊解を2個（$y = x - 2$，$y = x - 4$）持っており，それぞれ $u + 1 = 0$，$u - 1 = 0$ に対応している（$u + 1 = 0$ に対応する解は，上の一般解で $C = 0$ としたものである）．

問題 1.7 次の微分方程式を解け．
(1)　$y' = 3x - 2y$　　(2)　$y' = \dfrac{x + y + 1}{x + y}$

1.2 同 次 形

x, y の式で,$\left(\dfrac{y}{x}\right)$ を 1 つの変数とみなして,

$$\dfrac{y^2}{x^2}, \quad \dfrac{2y}{x} + \dfrac{x}{y} + 5$$

のように $\left(\dfrac{y}{x}\right)$ だけの式で表されるものを **0 次の同次式**という.$u = \dfrac{y}{x}$ とおくと,上の式は

$$u^2, \quad 2u + \dfrac{1}{u} + 5$$

と u だけで表される.一般に,任意の α に対して

$$f(\alpha x,\ \alpha y) = \alpha^n f(x,\ y) \quad (n \text{ は整数})$$

を満たす $f(x,\ y)$ を **n 次の同次式**という.

例 1.1 $f(x,\ y) = x + 2y,\ g(x,\ y) = x^2 - 2xy + 3y^2$ とおくと,

$$\begin{aligned}
f(\alpha x,\ \alpha y) &= \alpha x + 2\alpha y \\
&= \alpha f(x,\ y), \\
g(\alpha x,\ \alpha y) &= (\alpha x)^2 - 2\alpha x \cdot \alpha y + 3(\alpha y)^2 \\
&= \alpha^2 g(x,\ y)
\end{aligned}$$

となるので,$x + 2y$ は 1 次の同次式,$x^2 - 2xy + 3y^2$ は 2 次の同次式である. ◻

また,$\dfrac{(n \text{ 次の同次式})}{(n \text{ 次の同次式})}$ の形の式は 0 次の同次式であることは容易に分かる.

例 1.2 $f(x,\ y) = \dfrac{3y^2 - x^2 + 4xy}{x^2}$ とおくと,

$$\begin{aligned}
f(\alpha x,\ \alpha y) &= \dfrac{3\alpha^2 y^2 - \alpha^2 x^2 + 4\alpha^2 xy}{\alpha^2 x^2} \\
&= f(x,\ y)
\end{aligned}$$

となり,$\dfrac{(2 \text{ 次の同次式})}{(2 \text{ 次の同次式})}$ が 0 次の同次式になっている. ◻

$y' = f\left(\dfrac{y}{x}\right)$ つまり，右辺が x, y の 0 次の同次式であるような微分方程式を**同次形**という．同次形の微分方程式は次のようにして解くことができる．

$$u = \frac{y}{x}$$

とおくと，y は x の関数であるから，u も x の関数である．

$$y = xu$$

が成り立つから，両辺を微分すると，p.7 の積の微分法より，

$$y' = x'u + xu'$$
$$= u + xu'$$

となる．これより，方程式 $y' = f\left(\dfrac{y}{x}\right)$ は

$$u + xu' = f(u)$$

すなわち

$$u' = \frac{f(u) - u}{x}$$

という形に変形できる．これは x の関数 u についての微分方程式であり，変数分離形になっているから

$$\int \frac{du}{f(u) - u} = \int \frac{1}{x} \, dx$$

として求めることができる．u を求めた後は，$y = xu$ より，y が得られる．まとめると，次のようになる．

同次形の解法

$y' = f\left(\dfrac{y}{x}\right)$ の解は $u = \dfrac{y}{x}$ とおいて，変数分離形の解法を適用する．

$$\int \frac{du}{f(u) - u} = \int \frac{1}{x} \, dx + C$$

1.2 同次形

例題 1.6 同次式の変形

次の x, y の式を $u = \dfrac{y}{x}$ だけを用いて表せ.

(1) $\dfrac{2x + 3y}{x - y}$

(2) $\dfrac{x^2 + 5xy - 2y^2}{7xy + y^2}$

【解答】 (1) 分子・分母をともに x で割って,

$$\dfrac{2x + 3y}{x - y} = \dfrac{2 + 3 \cdot \dfrac{y}{x}}{1 - \dfrac{y}{x}}$$

$$= \dfrac{2 + 3u}{1 - u}.$$

(2) 分子・分母をともに x^2 で割って,

$$\dfrac{x^2 + 5xy - 2y^2}{7xy + y^2} = \dfrac{1 + 5 \cdot \dfrac{y}{x} - 2 \cdot \dfrac{y^2}{x^2}}{7 \cdot \dfrac{y}{x} + \dfrac{y^2}{x^2}}$$

$$= \dfrac{1 + 5u - 2u^2}{7u + u^2}.$$

□

注意 1.6 分数式が 0 次の同次式になるには, 分子・分母のすべての項が x, y について同じ次数になる必要がある. (1) はすべての項 $(2x, 3y, x, -y)$ が 1 次式, (2) はすべての項が 2 次式である.

問題 1.8 次の x, y の式を $u = \dfrac{y}{x}$ だけを用いて表せ

(1) $\dfrac{7y}{5x - 2y}$

(2) $\dfrac{x^2 + 5xy - y^2}{y^2}$

(3) $\dfrac{x^{-1}y^4 + 2x^2 y}{x^3 + y^3}$

(4) $\dfrac{x + \sqrt{xy}}{y - \sqrt{xy}}$

例題 1.7　同次形の解法 (1)

微分方程式 $y' = \dfrac{x-y}{x}$ を解け．

【解答】 同次形だから $u = \dfrac{y}{x}$ とおくと，$y = xu$ の両辺を微分して，

$$y' = u + xu'.$$

これを元の式に代入して，

$$u + xu' = \frac{x-y}{x} = 1 - u$$
$$xu' = 1 - 2u$$

となり，これは変数分離形の方程式だから，両辺を $x(1-2u)$ で割ると，

$$\frac{1}{1-2u}u' = \frac{1}{x}$$

となる．両辺を x で積分して，

$$\int \frac{1}{1-2u}\,du = \int \frac{1}{x}\,dx$$
$$-\frac{1}{2}\log|1-2u| = \log|x| + C$$
$$\log|1-2u|^{-1/2} = \log|x| + C \quad (対数法則)$$

となる．両辺の exp をとって，

$$|1-2u|^{-1/2} = e^{\log|x|+C}$$
$$= e^C e^{\log|x|}$$
$$= e^C |x|$$

となる．両辺を (-2) 乗して絶対値をとると，

$$|1-2u| = e^{-2C} x^{-2}$$
$$1-2u = \pm e^{-2C} x^{-2}$$

となり，$\pm e^{-2C}$ をあらためて C でおきなおすと，

$$1-2u = \frac{C}{x^2}$$

となる．u について解くと，

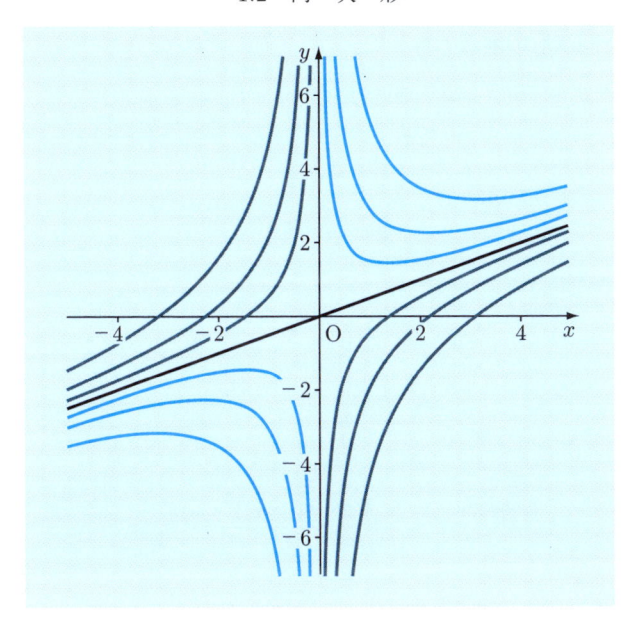

図 1.5 $y' = \dfrac{x-y}{x}$ の解曲線図
（青色は $C<0$，紺色は $C>0$ の解に対応している）

$$u = \frac{x^2 - C}{2x^2}$$

ここで，$u = \dfrac{y}{x}$ を代入すると，

$$\frac{y}{x} = \frac{x^2 - C}{2x^2}$$

$$y = \frac{x^2 - C}{2x} \quad (C \text{ は任意定数})$$

となり，これが求める一般解である． □

注意 1.7 最後に，**文字 u を x と y に戻す**のを忘れないようにしよう．

問題 1.9 次の微分方程式を解け．

(1) $y' = \dfrac{y - x}{x}$

(2) $y' = \dfrac{x^2 - y^2}{2xy}$

例題 1.8　同次形の解法 (2)

微分方程式 $y' = \dfrac{2x-y}{x-y}$ を解け.

【解答】　同次形だから, $u = \dfrac{y}{x}$ とおくと,

$$y' = u + xu'.$$

これを元の式に代入して,

$$\begin{aligned}
u + xu' &= \frac{2x-y}{x-y} \\
&= \frac{2-u}{1-u} \\
xu' &= \frac{2-u}{1-u} - u \\
&= \frac{2-u-u(1-u)}{1-u} \\
&= \frac{2-2u+u^2}{1-u}
\end{aligned}$$

となり，これは変数分離形の方程式だから，両辺に $\dfrac{1-u}{2-2u+u^2}$ を掛けて, 両辺を x で割ると,

$$\frac{1-u}{2-2u+u^2} u' = \frac{1}{x}$$

となる. 両辺を x で積分して,

$$\begin{aligned}
\int \frac{1-u}{2-2u+u^2}\, du &= \int \frac{1}{x}\, dx \\
-\frac{1}{2} \int \frac{-2+2u}{2-2u+u^2}\, du &= \int \frac{1}{x}\, dx \\
-\frac{1}{2} \int \frac{(2-2u+u^2)'}{2-2u+u^2}\, du &= \int \frac{1}{x}\, dx \\
-\frac{1}{2} \log|2-2u+u^2| &= \log|x| + C
\end{aligned}$$

となる. 両辺の exp をとって (-2) 乗すると,

$$\begin{aligned}
|2-2u+u^2| &= e^{-2C} x^{-2} \\
2-2u+u^2 &= \pm e^{-2C} x^{-2}
\end{aligned}$$

$\pm e^{-2C}$ をあらためて C でおきなおし，両辺に x^2 を掛けると,

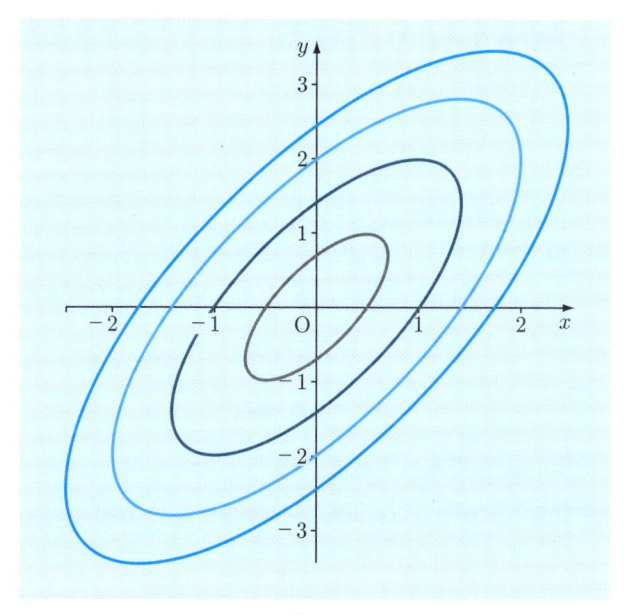

図 1.6 $y' = \dfrac{2x-y}{x-y}$ の解曲線図

$$x^2(2 - 2u + u^2) = C$$
$$x^2\left\{2 - 2\left(\dfrac{y}{x}\right) + \left(\dfrac{y}{x}\right)^2\right\} = C$$
$$2x^2 - 2xy + y^2 = C \quad (C\text{ は任意定数})$$

となり，これが求める解である． □

注意 1.8 **分母が 2 次式の場合の積分に注意**しよう．分子が分母の微分の定数倍になっている場合は $\log|(\text{分母})|$ で処理できるが，そうでない場合は部分分数展開（分解）や Arctan を使う必要がある．

問題 1.10 次の微分方程式を解け．
(1) $y' = \dfrac{x + 2y}{-2x + 3y}$
(2) $y' = \dfrac{x^2 + 2xy - y^2}{-x^2 + 2xy + y^2}$
(3) $y' = \dfrac{4xy + 2y^2}{x^2 - xy}$
(4) $y' = \dfrac{4x^2 + xy + y^2}{x^2}$

1.3　1 階線形微分方程式

$p(x)$, $q(x)$ を x の関数として，

$$y' + p(x)y = q(x) \tag{1.5}$$

の形の微分方程式を **1 階線形微分方程式**という．「線形」の言葉の意味は，y, y' の 2 つの文字に関して 1 次式であるということである（x については 1 次式でなくてもよい）．特に，$q(x) = 0$ のとき，この方程式は**斉次**（または**同次**）であるという．斉次の場合は，

$$y' = -p(x)y$$

と変形できるので，変数分離形である．

　斉次でない場合も，次のようにして解くことができる．(1.5) の両辺に $e^{\int p(x)\,dx}$ を掛けると，

$$e^{\int p(x)\,dx}y' + e^{\int p(x)\,dx}p(x)y = e^{\int p(x)\,dx}q(x) \tag{1.6}$$

となる．積の微分法より，

$$\begin{aligned}\left\{e^{\int p(x)\,dx}y\right\}' &= \left\{e^{\int p(x)\,dx}\right\}' y + e^{\int p(x)\,dx}y' \\ &= e^{\int p(x)\,dx}p(x)y + e^{\int p(x)\,dx}y'\end{aligned}$$

であるから，これは (1.6) の左辺に等しい．よって，

$$\left\{e^{\int p(x)\,dx}y\right\}' = e^{\int p(x)\,dx}q(x)$$

が成り立つ．両辺を x で積分すると，

$$e^{\int p(x)\,dx}y = \int \left(e^{\int p(x)\,dx}q(x)\right)\,dx + C$$

となるので，両辺に $e^{-\int p(x)\,dx}$ を掛けて，

$$y = e^{-\int p(x)\,dx}\left\{\int \left(e^{\int p(x)\,dx}q(x)\right)\,dx + C\right\}$$

となる．これが求める一般解である．

1.3 1階線形微分方程式

例題 1.9 1階線形微分方程式の解法 (1)

微分方程式 $y' + 2xy = 6x$ を解け.

【解答】 $p(x) = 2x$, $q(x) = 6x$ である.必要な積分を計算する.

$$\int p(x)\,dx = \int 2x\,dx$$
$$= x^2 \quad \leftarrow \text{積分定数は書かなくてよい}$$
$$\int e^{\int p(x)\,dx} q(x)\,dx = \int e^{x^2} \cdot 6x\,dx$$
$$= \int e^{t} \cdot 3\,dt$$

$t = x^2$ で置換 $dt = 2x\,dx$ より $6x\,dx = 3\,dt$

$$= 3e^t + C$$
$$= 3e^{x^2} + C$$

これより,求める解は,

$$y = e^{-x^2}(3e^{x^2} + C)$$
$$= 3 + Ce^{-x^2} \quad (C \text{ は任意定数})$$

である. □

注意 1.9 上の例題のように,$\int e^{x^2} x\,dx$ のような場合は置換積分で求められるが,$\int e^{x^2}\,dx$, $\int \dfrac{e^x}{x}\,dx$ などは具体的に求めることはできない.このような場合は,積分記号と積分定数をつけたままにして一般解としてよい.

問題 1.11 次の微分方程式を解け.
(1) $y' + y = x$
(2) $y' + 3x^2 y = x^2$
(3) $y' + 2xy = 5$

問題 1.12 初期値問題 $y' + e^x y = e^{2x}$, $y(0) = 1$ を解け.

> **例題 1.10　1階線形微分方程式の解法 (2)**
>
> 微分方程式 $y' - \dfrac{y}{x} = \dfrac{1}{x^2}$ を解け.

【解答】 $p(x) = -\dfrac{1}{x}$, $q(x) = \dfrac{1}{x^2}$ である.

$$\int p(x)\,dx = \int \left(-\frac{1}{x}\right) dx$$
$$= -\log|x|$$
$$e^{\int p(x)\,dx} = |x|^{-1}$$

だが，絶対値記号をはずして，$e^{\int p(x)\,dx} = x^{-1}$ として考える.

$$\int e^{\int p(x)\,dx} q(x)\,dx = \int x^{-1} \cdot \frac{1}{x^2}\,dx$$
$$= \int x^{-3}\,dt$$
$$= -\frac{1}{2}x^{-2} + C$$
$$= -\frac{1}{2x^2} + C$$

であり，$e^{-\int p(x)\,dx} = x$ より，求める一般解は，

$$y = x\left(-\frac{1}{2x^2} + C\right)$$
$$= -\frac{1}{2x} + Cx \quad (C \text{ は任意定数})$$

となる.　　　□

注意 1.10　なぜ，$e^{\int p(x)\,dx} = |x|^{-1}$ の絶対値記号がはずせるかというと，解の公式

$$y = e^{-\int p(x)\,dx} \left\{ \int \left(e^{\int p(x)\,dx} q(x) \right) dx + C \right\}$$

を書き直して，

$$y = -e^{-\int p(x)\,dx} \left\{ \int \left(-e^{\int p(x)\,dx} q(x) \right) dx - C \right\}$$

とできるので，$|x|^{-1} = \pm x^{-1}$ であるが，この符号がどちらであっても解の形は変わらないからである.

1.3　1階線形微分方程式

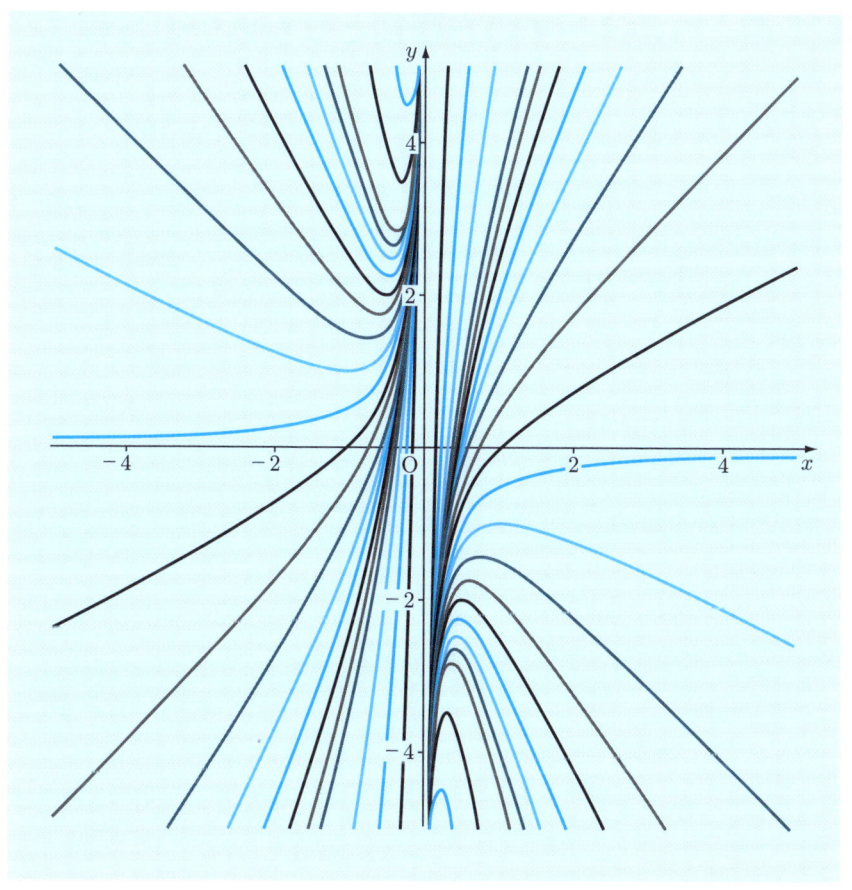

図 1.7　$y' - \dfrac{y}{x} = \dfrac{1}{x^2}$ の解曲線図

問題 1.13　次の微分方程式を解け．

(1)　$y' + \dfrac{y}{x} = x$

(2)　$y' + (\tan x)y = \cos x$

(3)　$y' + \dfrac{2y}{x} = \dfrac{1}{x}$

問題 1.14　初期値問題 $y' + \dfrac{2x-1}{x^2-x-2}y = x,\ y(0) = \dfrac{1}{4}$ を解け．

1.4 ベルヌーイの方程式とリッカチの方程式

線形でない 1 階微分方程式の代表的なものとして，ベルヌーイの方程式とリッカチの方程式を考えよう．$p(x)$, $q(x)$ を x の関数として，

$$y' + p(x)y = q(x)y^n \quad (n \text{ は定数}) \tag{1.7}$$

の形の微分方程式を**ベルヌーイ (Bernoulli) の微分方程式**という．$n = 0, 1$ のときは線形微分方程式なので，$n \neq 0, 1$ の場合を考える．ベルヌーイの方程式は，次のような変数変換により線形微分方程式に直すことができる．(1.7) において $u = y^{1-n}$ とおくと，u は x の関数であり，両辺を x で微分すると，合成関数の微分法より

$$u' = (1-n)y^{-n}y'$$

となる．(1.7) の両辺に y^{-n} を掛けると，

$$y^{-n}y' + p(x)y^{1-n} = q(x)$$

となり，$u = y^{1-n}$, $\dfrac{1}{1-n}u' = y^{-n}y'$ であるから，

$$\frac{1}{1-n}u' + p(x)u = q(x)$$

となる．これは，u に関する 1 階線形微分方程式である．これを解いて u を求め，$u = y^{1-n}$ より y を求めることができる．

ベルヌーイの方程式の解法

$$y' + p(x)y = q(x)y^n$$

において，$u = y^{1-n}$ とおくと，u に関する 1 階線形微分方程式に変形できるのでそれを解き，$u = y^{1-n}$ を代入し，y についての式に戻す．

次に，$p(x)$, $q(x)$, $r(x)$ を x の関数として，

$$y' = p(x) + q(x)y + r(x)y^2 \tag{1.8}$$

の形の微分方程式を**リッカチ (Riccati) の微分方程式**という．もし，(1.8) にお

いて $r(x) = 0$ ならば 1 階線形方程式であり，$p(x) = 0$ ならばベルヌーイの微分方程式 ($n = 2$) であり，どちらの場合も解を求めることができる．残念ながら，一般のリッカチの微分方程式の解を求める方法はない．しかし，もし，なにか 1 つでも (1.8) の解が見つかれば，それを用いて以下のようにしてベルヌーイの方程式に帰着できるので，(1.8) の一般解を得ることができる．

$y_0 = y_0(x)$ を (1.8) の 1 つの解とする．$z = y - y_0$ で変数変換すると，$y = z + y_0$, $y' = z' + y_0'$ となり，(1.8) に代入すると，

$$z' + y_0' = p(x) + q(x)(z + y_0) + r(x)(z + y_0)^2$$
$$= p(x) + q(x)y_0 + r(x)y_0^2 + \{q(x) + 2r(x)y_0\}z + r(x)z^2$$

ここで，$y_0(x)$ が (1.8) を満たす，すなわち

$$y_0' = p(x) + q(x)y_0 + r(x)y_0^2$$

であることを用いれば，

$$z' = \{q(x) + 2r(x)y_0(x)\}z + r(x)z^2 \tag{1.9}$$

となる．(1.9) はベルヌーイの方程式 ($n = 2$ の場合) であるから，z を求めることができる．z を求めた後，$y = z + y_0(x)$ により (1.8) の一般解が得られる．

このように特殊解を 1 つでも見つければリッカチの方程式は解けるので，まず簡単な形の解を想定して特殊解を探すとよい．もし解が見つからないときは，級数解（→第 4 章）を求めるか，または数値解（→付録）によって近似的な解を得る方法がある．

リッカチの方程式の解法

$$y' = p(x) + q(x)y + r(x)y^2$$

において，**1 つの解 $y = y_0(x)$ がわかっているとき，$y = z + y_0$ とおくと，z に関するベルヌーイの方程式に変形できるのでそれを解き，$z = y - y_0$ より，y についての式に戻す．**

> **例題 1.11　ベルヌーイの方程式**
>
> 微分方程式 $y' + y = -xy^2$ を解け．

【解答】 ベルヌーイの方程式 $(n=2)$ なので，

$$u = y^{1-2} = \frac{1}{y}$$

とおき，両辺を x で微分すると，

$$u' = -\frac{1}{y^2}y' \tag{1.10}$$

となる．$y' + y = -xy^2$ の両辺を y^2 で割ると，

$$\frac{1}{y^2}y' + \frac{1}{y} = -x$$

となり，この式に $u = \dfrac{1}{y}$, (1.10) を代入すると，

$$-u' + u = -x$$
$$u' - u = x$$

となる．これは線形方程式であるから，$p(x) = -1$, $q(x) = x$ とおき，

$$\int p(x)\,dx = \int -dx = -x$$
$$\int e^{\int p(x)\,dx} q(x)\,dx = \int e^{-x} x\,dx$$

ここで部分積分法を用いる

$$= \int (-e^{-x})' x\,dx$$
$$= -e^{-x}x - \int (-e^{-x})(x)'\,dx$$
$$= -e^{-x}x + \int e^{-x} \cdot 1\,dx$$
$$= -e^{-x}x - e^{-x} + C$$

となるので，

$$u = e^x(-e^{-x}x - e^{-x} + C)$$
$$= -x - 1 + Ce^x$$

1.4 ベルヌーイの方程式とリッカチの方程式

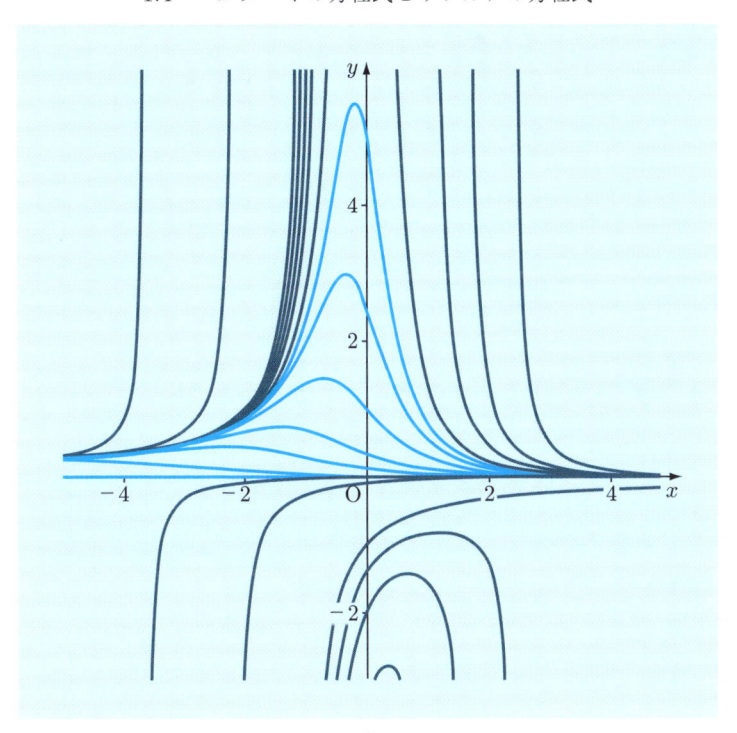

図 1.8 $y' + y = -xy^2$ の解曲線図
（青色のグラフは発散しない解を表す）

となり u が得られた．$u = \dfrac{1}{y}$ を使って y の式に直すと，

$$y = \frac{1}{x+1+Ce^x} \quad (C \text{ は任意定数})$$

となり，一般解が得られた．また，$y = 0$ も解である． □

注意 1.11 ベルヌーイの方程式の解法は複雑だが，変数変換のやり方を覚えれば必ず解けるのでよく練習しておこう．

問題 1.15 次の微分方程式を解け．
(1) $y' + 2xy = xy^3$ 　　(2) $y' + y = \dfrac{1}{y}$
(3) $y' + (\cot x)y = y^2$

例題 1.12　リッカチの方程式

微分方程式 $x^3 y' = x^4 - x^2 y + 2y^2$ について以下の問に答えよ.
(1) $y_0(x) = ax^n$ （a, n は定数）の形の解を求めよ.
(2) 一般解を求めよ.

【解答】 (1) 方程式に $y = ax^n$, $y' = anx^{n-1}$ を代入すると,

$$x^3 \cdot anx^{n-1} = x^4 - x^2 \cdot ax^n + 2(ax^n)^2$$
$$anx^{n+2} = x^4 - ax^{n+2} + 2a^2 x^{2n}$$

となる. x の指数を観察すると, $4 = 2n$, すなわち $n = 2$ のときに等式が成り立つ可能性がある. $n = 2$ を代入すると,

$$2ax^4 = x^4 - ax^4 + 2a^2 x^4$$

したがって, 定数 a が $2a^2 - 3a + 1 = 0$ を満たすときに, 等式が成り立つ. この 2 次方程式を解いて, $a = 1, \dfrac{1}{2}$. よって求める解は,

$$y_0(x) = x^2, \ \frac{1}{2}x^2$$

である.

(2) $y_0(x) = x^2$ とする. $z = y - y_0(x) = y - x^2$ とおくと, $y = z + x^2$, $y' = z' + 2x$ である. これを元の方程式に代入して,

$$x^3(z' + 2x) = x^4 - x^2(z + x^2) + 2(z + x^2)^2$$
$$x^3 z' + 2x^4 = x^4 - x^2 z - x^4 + 2z^2 + 4x^2 z + 2x^4$$
$$x^3 z' = 3x^2 z + 2z^2$$
$$z' - \frac{3}{x}z = \frac{2}{x^3}z^2 \tag{1.11}$$

となる. これはベルヌーイの方程式 ($n = 2$) であり,

$$u = z^{1-2} = z^{-1}$$

とおくと,

$$u' = -z^{-2} z' = -\frac{1}{z^2} z'$$

である. (1.11) の両辺を z^2 で割ると,

1.4 ベルヌーイの方程式とリッカチの方程式

$$\frac{1}{z^2}z' - \frac{3}{x}z^{-1} = \frac{2}{x^3} \tag{1.12}$$

これに，u, u' の式を代入すると，

$$-u' - \frac{3}{x}u = \frac{2}{x^3}$$

$$u' + \frac{3}{x}u = -\frac{2}{x^3}$$

となり，これは u に関して 1 階線形微分方程式である．

$$\int \frac{3}{x}\,dx = 3\log|x|$$

$$e^{3\log|x|} = x^3 \quad \text{←絶対値をはずす．注意 1.10 参照．}$$

$$\int x^3 \cdot \left(-\frac{2}{x^3}\right)dx = -2x + C$$

よって，

$$u = \frac{-2x + C}{x^3}$$

となり，$u = \dfrac{1}{z}$ より，

$$z = \frac{x^3}{-2x + C}$$

となる．$y = z + y_0(x)$ より，求める一般解は

$$y = \frac{x^3}{-2x + C} + x^2$$
$$= \frac{x^2(-x + C)}{-2x + C}$$

つまり，

$$y = \frac{x^2(x + C)}{2x + C} \quad (C \text{ は任意定数})$$

である． □

注意 1.12 上の例題では特殊解が $y_0(x) = x^2$, $\dfrac{1}{2}x^2$ と 2 つ得られたが，どちらを利用してもよい．もし，$y_0(x) = \dfrac{1}{2}x^2$ を利用した場合は，一般解は $y = \dfrac{x^2(C'x + 1)}{2C'x + 1}$ (C' は任意定数) となる．ここで，2 つの任意定数の間には $C' = \dfrac{1}{C}$ という関係がある．

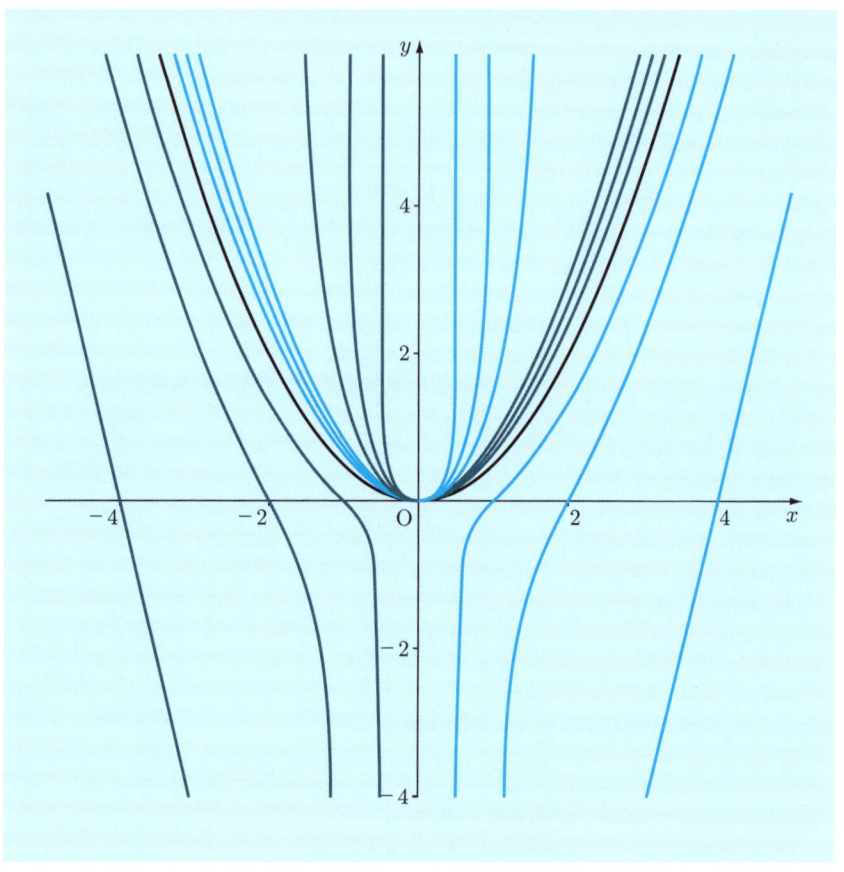

図 1.9 $x^3 y' = x^4 - x^2 y + 2y^2$ の解曲線図
（青色は $C < 0$，紺色は $C > 0$ に対応する解を表す）

問題 1.16 次のリッカチの微分方程式について，まず $y_0(x) = ax^n$ の形の特殊解を求め，それを利用して一般解を求めよ．

(1) $y' = 2 - \dfrac{y^2}{x^2}$

(2) $x^2 y' = x^2 - 2xy + 2y^2$

(3) $y' = \dfrac{3}{x^2} + \dfrac{y}{x} - y^2$

1.5 全微分方程式

まず，陰関数

$$x^2 + 5xy - 3y^2 = C \quad (C \text{ は任意定数}) \tag{1.13}$$

を考えよう．この式において，y は x の関数であると考え，両辺を x で微分すると，

$$2x + 5y + 5xy' - 6yy' = 0$$

となる．$y' = \dfrac{dy}{dx}$ と表すと，

$$2x + 5y + 5x\frac{dy}{dx} - 6y\frac{dy}{dx} = 0$$

となるが，ここで，dx, dy をあたかも独立した量と考え，両辺に dx を掛けて分母を払うと，

$$2x\,dx + 5y\,dx + 5x\,dy - 6y\,dy = 0$$

となり，dx, dy について整理すると，

$$(2x + 5y)dx + (5x - 6y)dy = 0 \tag{1.14}$$

となる．一般に，$p(x,y), q(x,y)$ を x, y の式としたとき，

$$p(x,y)dx + q(x,y)dy = 0 \tag{1.15}$$

の形の等式を**全微分方程式**という．式 (1.15) は，両辺を dx で割ることにより，実質的に

$$p(x,y) + q(x,y)y' = 0$$

または

$$y' = -\frac{p(x,y)}{q(x,y)}$$

という微分方程式を表していると思ってよい．したがって，全微分方程式 (1.14) の解は最初の式 (1.13) である．では，どのようにして (1.14) から (1.13) を導いたらよいか考えよう．(1.14) の dx の係数 $(2x+5y)$ と dy の係数 $(5x-6y)$ が，

$$\frac{\partial}{\partial x}(x^2+5xy-3y^2)=2x+5y$$
$$\frac{\partial}{\partial y}(x^2+5xy-3y^2)=5x-6y$$

すなわち，(1.13) の左辺の式の偏導関数になっていることに着目する．偏導関数の計算法は，微分する文字以外の文字を定数とみなして微分することから，逆に，偏導関数から元の関数を得るには，積分をすればよいと考えられる．そのとき，積分変数以外の文字を定数とみなすことに注意する．これに従い，(1.14) の dx の係数 $2x+5y$ を x について積分すると，

$$\int(2x+5y)\,dx=x^2+5xy+g(y) \quad (\text{ただし，} g(y) \text{ は } y \text{ だけの式}) \quad (1.16)$$

となり，惜しくも $-3y^2$ の項が得られない．ここで，$g(y)$ を調べるために，(1.16) の右辺を y で偏微分してみよう．

$$\frac{\partial}{\partial y}\{x^2+5xy+g(y)\}=5x+g'(y)$$

この式と (1.14) の dy の係数 $5x-6y$ を比較すると，$g'(y)=-6y$ であることがわかる．これより，

$$g(y)=\int(-6y)\,dy=-3y^2+C$$

よって，$-3y^2$ の項が得られた．

この例を一般化すると次のようになる．

$$F(x,\ y)=C$$

を (1.15) の解とすると，関係式

$$\frac{\partial}{\partial x}F(x,\ y)=p(x,\ y)$$
$$\frac{\partial}{\partial y}F(x,\ y)=q(x,\ y)$$

が成り立つ．$F(x,\ y)$ の 2 階偏導関数が連続と仮定すると，微分の順序が交換できるので，

1.5 全微分方程式

$$\frac{\partial}{\partial y}p(x,\ y) = \frac{\partial}{\partial y}\left\{\frac{\partial}{\partial x}F(x,\ y)\right\}$$
$$= \frac{\partial}{\partial x}\left\{\frac{\partial}{\partial y}F(x,\ y)\right\}$$
$$= \frac{\partial}{\partial x}q(x,\ y)$$

が成り立つ．$p,\ q$ について条件 $\dfrac{\partial}{\partial y}p(x,\ y) = \dfrac{\partial}{\partial x}q(x,\ y)$ が成り立つとき，全微分方程式 (1.15) は**完全形**であるという．さて，全微分方程式 (1.15) が完全形であると仮定する．このとき，

$$G = q(x,\ y) - \frac{\partial}{\partial y}\int p(x,\ y)\,dx$$

とおくと，

$$\frac{\partial}{\partial x}G = \frac{\partial}{\partial x}q(x,\ y) - \frac{\partial}{\partial x}\left\{\frac{\partial}{\partial y}\int p(x,\ y)\,dx\right\}$$
$$= \frac{\partial}{\partial x}q(x,\ y) - \frac{\partial}{\partial y}\left\{\frac{\partial}{\partial x}\int p(x,\ y)\,dx\right\} \quad \text{微分の順序交換}$$
$$= \frac{\partial}{\partial x}q(x,\ y) - \frac{\partial}{\partial y}p(x,\ y)$$

積分して同じ文字で微分すると元に戻るから

$$= 0 \quad \text{完全性の条件}$$

したがって，$G = G(y)$ は x を含まない y だけの関数である．次に，

$$F(x,\ y) = \int p(x,\ y)\,dx + \int G(y)\,dy$$

とおくと，

$$\frac{\partial}{\partial x}F(x,\ y) = p(x,\ y),$$
$$\frac{\partial}{\partial y}F(x,\ y) = \frac{\partial}{\partial y}\int p(x,\ y)\,dx + G(y)$$
$$= \frac{\partial}{\partial y}\int p(x,\ y)\,dx + q(x,\ y) - \frac{\partial}{\partial y}\int p(x,\ y)\,dx$$
$$= q(x,\ y)$$

したがって，(1.15) の一般解は $F(x,\ y) = C$（C は任意定数）である．

例題 1.13　関数が満たす全微分方程式

次の陰関数について，それが満たす全微分方程式を求めよ．ただし，C は任意定数とする．

(1)　$x^3 - 3x^2y + 5xy - y^4 = C$

(2)　$\sin(xy) + \cos(2x - 3y) = C$

【解答】　(1)
$$\frac{\partial}{\partial x}(x^3 - 3x^2y + 5xy - y^4) = 3x^2 - 6xy + 5y,$$
$$\frac{\partial}{\partial y}(x^3 - 3x^2y + 5xy - y^4) = -3x^2 + 5x - 4y^3$$

以上より，求める全微分方程式は

$$(3x^2 - 6xy + 5y)\,dx + (-3x^2 + 5x - 4y^3)\,dy = 0$$

となる．

(2)
$$\frac{\partial}{\partial x}\{\sin(xy) + \cos(2x - 3y)\} = y\cos(xy) - 2\sin(2x - 3y),$$
$$\frac{\partial}{\partial y}\{\sin(xy) + \cos(2x - 3y)\} = x\cos(xy) + 3\sin(2x - 3y)$$

以上より，求める全微分方程式は

$$\{y\cos(xy) - 2\sin(2x - 3y)\}\,dx + \{x\cos(xy) + 3\sin(2x - 3y)\}\,dy = 0$$

となる．　□

注意 1.13　偏微分の計算に慣れよう．$\sin(xy)$ の x による偏微分は，y を定数とみなすので $(\sin 2x)' = 2\cos 2x$ などと同様に

$$\frac{\partial}{\partial x}\sin(yx) = y\cos(yx)$$

である．

問題 1.17　次の陰関数について，それが満たす全微分方程式を求めよ．ただし，C は任意定数とする．

(1)　$(x+2)^2(2y-3)^3 = C$

(2)　$e^{x^2+y} + e^{xy^2} = C$

(3)　$\dfrac{y}{x} = C$

例題 1.14　完全形の全微分方程式

全微分方程式 $(3x^2 + 3y)\,dx + (3x - 2y)\,dy = 0$ が完全形であることを確認し，これを解け．

【解答】
$$\frac{\partial}{\partial y}(3x^2 + 3y) = 3,$$
$$\frac{\partial}{\partial x}(3x - 2y) = 3$$

より，完全形の条件を満たしている．

$$\int (3x^2 + 3y)\,dx = x^3 + 3xy,$$

$$\begin{aligned}
G(y) &= (3x - 2y) - \frac{\partial}{\partial y}(x^3 + 3xy) \\
&= (3x - 2y) - 3x \\
&= -2y
\end{aligned}$$

↑ y のみの式になっていることをチェック！

$$\int G(y)\,dy = \int (-2y)\,dy = -y^2$$

以上より，求める解は
$$x^3 + 3xy - y^2 = C$$

である．　□

注意 1.14　完全形の全微分方程式はこのようにして解ける．完全形でない場合は，なにかうまい関数（**積分因子**という）を方程式の両辺に掛けることにより，完全形に変形できる場合がある（次ページのコラム参照）．

問題 1.18　次の全微分方程式について，完全形であることを確認し，それを解け．
(1) $(4xy - 5y^2)\,dx + (2x^2 - 10xy + 3y^2)\,dy = 0$
(2) $\sin(x+y)\,dx + \{\sin(x+y) + \cos y\}\,dy = 0$
(3) $\{1 + \log(xy)\}\,dx + \dfrac{x}{y}\,dy = 0$

コラム　積分因子について

全微分方程式

$$p(x,\ y)\,dx + q(x,\ y)\,dy = 0$$

の両辺に 0 でない $x,\ y$ の式 $M(x,\ y)$ を掛けた

$$M(x,\ y)p(x,\ y)\,dx + M(x,\ y)q(x,\ y)\,dy = 0$$

が完全形になるとき，$M(x,\ y)$ を**積分因子**という．

たとえば，1 階線形微分方程式

$$y' + p(x)y = q(x)$$

を全微分方程式に変形すると，

$$\{p(x)y - q(x)\}\,dx + dy = 0$$

となるが，このとき積分因子は $e^{\int p(x)\,dx}$ である（p.26 の計算を参照）．1 階の微分方程式を全微分方程式に変形して，それについて積分因子が見つかれば，解を求めることができるが，残念ながら，積分因子が具体的に求められるのは特殊な場合に限られる．したがって，1 階の微分方程式は一般には解けないということになる．

以下，積分因子が具体的に求められる例を挙げる．

(1) $\left\{\dfrac{\partial}{\partial y}p(x,\ y) - \dfrac{\partial}{\partial x}q(x,\ y)\right\} \Big/ q(x,\ y)$ が x のみの関数の場合，
積分因子は

$$M(x) = \exp\left[\int \left\{\dfrac{\partial}{\partial y}p(x,\ y) - \dfrac{\partial}{\partial x}q(x,\ y)\right\} \Big/ q(x,\ y)\,dx\right]$$

(2) $\left\{\dfrac{\partial}{\partial y}p(x,\ y) - \dfrac{\partial}{\partial x}q(x,\ y)\right\} \Big/ p(x,\ y)$ が y のみの関数の場合，
積分因子は

$$M(y) = \exp\left[-\int \left\{\dfrac{\partial}{\partial y}p(x,\ y) - \dfrac{\partial}{\partial x}q(x,\ y)\right\} \Big/ p(x,\ y)\,dy\right]$$

第1章　演習問題

演習 1.1 次の微分方程式を解け．（変数分離形）

(1) $y' = \dfrac{xy}{(x+1)(y+1)}$ 　　(2) $y' = \dfrac{\sin^2 y}{\cos^2 x}$

(3) $y' = \dfrac{y \log x}{\log y}$ 　　(4) $y' = \dfrac{1+y^2}{1+x^2}$

演習 1.2 次の微分方程式を解け．（同次形）

(1) $y' = \dfrac{5x^2 + y^2}{xy}$ 　　(2) $y' = \dfrac{x+y}{x-y}$

(3) $y' = \dfrac{y}{x} \log \dfrac{y}{x}$ 　　(4) $y' = \sqrt{\dfrac{x}{y}} + \dfrac{y}{x}$

演習 1.3 次の微分方程式を解け．（1階線形）

(1) $y' + y = xe^{-2x}$ 　　(2) $y' + (\sin x)y = \sin x$

(3) $y' + (\log x)y = x^{-x}$ 　　(4) $y' + \dfrac{2y}{x} = \dfrac{1}{1+x^2}$

演習 1.4 次の微分方程式を解け．（ベルヌーイ，リッカチ）

(1) $y' + y = xy^3$ 　　(2) $y' + \dfrac{y}{x} = \sqrt{y}$

(3) $2\sqrt{x} \cdot y' = y^2 - \dfrac{2}{x}$ 　　(4) $y' = 4x^4 + \dfrac{2}{x}y - y^2$

演習 1.5 次の全微分方程式について，完全形であることをチェックし，それを解け．

(1) $(\sin x + x \cos x + \cos y)\, dx - (x \sin y + \cos y)\, dy = 0$

(2) $\left(\dfrac{1 + 2x + 2y}{x+y} \right) dx + \left(\dfrac{3x + 4y}{xy + y^2} \right) dy = 0$

演習 1.6 次の初期値問題を解け．

(1) $y' = \dfrac{\cos x}{\cos y}, \quad y(0) = \pi$

(2) $y' = \cos(2x + 2y), \quad y(0) = \dfrac{3\pi}{4}$

(3) $y' = (4x - y)^2, \quad y(0) = 1$

(4) $y' = y^3 \log(-x), \quad y(-1) = -\dfrac{1}{3}$

演習 1.7 ロジスティック方程式

$$y' = Ry\left(1 - \dfrac{y}{K}\right),\ y(0) = y_0 \quad (R,\ K,\ y_0 \text{は正の定数})$$

を解け．

第2章 高階微分方程式

　本章では主に2階以上の線形微分方程式を扱う．線形でなおかつ定数係数の場合には，微分方程式を解くための道具が整備されている．非常に便利な特性方程式・微分演算子の扱いに慣れよう．また，定数変化法による解法も学ぼう．

2.1　線形微分方程式

　第1章で，$p(x)$, $q(x)$ を x の関数としたときに，y, y' について1次式になっている

$$y' + p(x)y = q(x)$$

の形の微分方程式を1階線形微分方程式と呼んだ．同様に，y, y', y'' について1次式になっている

$$y'' + p_1(x)y' + p_0(x)y = q(x)$$
$$(p_0(x),\ p_1(x),\ q(x)\ は\ x\ の関数)$$

の形の微分方程式を **2階線形微分方程式** と呼び，y, y', ..., $y^{(n)}$ について1次式になっている

$$y^{(n)} + p_{n-1}(x)y^{(n-1)} + \cdots + p_0(x)y = q(x)$$
$$(p_0(x), \ldots,\ p_{n-1}(x),\ q(x)\ は\ x\ の関数)$$

の形の微分方程式を **n 階線形微分方程式** と呼ぶ．

　線形微分方程式であって，右辺の $q(x)$ が 0 のとき，**斉次**（または**同次**）である，という．斉次の線形微分方程式は特別な性質を持つ．それを見るために例として，2階線形微分方程式

$$y'' - xy' + 2y = 0 \tag{2.1}$$

を考えよう．$Y_1(x)$, $Y_2(x)$ を (2.1) の任意の 2 つの解とするとき，

$$Y_1'' - xY_1' + 2Y_1 = 0,$$
$$Y_2'' - xY_2' + 2Y_2 = 0$$

が成り立つ．c_1, c_2 を定数とし，

$$Y(x) = c_1 Y_1(x) + c_2 Y_2(x)$$

で関数 $Y(x)$ を定めると，

$$\begin{aligned}Y'' - xY' + 2Y &= (c_1Y_1 + c_2Y_2)'' - x(c_1Y_1 + c_2Y_2)' + 2(c_1Y_1 + c_2Y_2) \\ &= c_1(Y_1'' - xY_1' + 2Y_1) + c_2(Y_2'' - xY_2' + 2Y_2) \\ &= 0\end{aligned}$$

となる．すなわち，$Y = c_1 Y_1 + c_2 Y_2$ も (2.1) の解になる．一般に，次の定理が成り立つ．

> **定理 2.1** $Y_1(x)$, $Y_2(x)$ が斉次線形微分方程式の解ならば，
>
> $$Y = c_1 Y_1 + c_2 Y_2 \quad (c_1,\ c_2 \text{ は定数})$$
>
> も解である．

斉次線形微分方程式の解全体のなす集合を**解空間**と呼ぶ．定理 2.1 は，解空間が（線形代数で学ぶ）ベクトル空間になっていることを示している．

また，斉次でない微分方程式，例えば

$$x^2 y'' + xy' + y = x^3 \tag{2.2}$$

に関して，左辺の $x^2 y'' + xy' + y$ をこの方程式の**斉次部分**と呼ぶ．斉次部分を 0 に等しいとおいた方程式

$$x^2 y'' + xy' + y = 0 \tag{2.3}$$

を (2.2) の**同伴方程式**という（この方程式の解の求め方は 2.6 節を参照）．(2.2) の特殊解が何らかの方法で 1 つ分かったとしよう．それを $y_0(x)$ とおくと，同

伴方程式 (2.3) の任意の解 $Y(x)$ について，和 $y_0 + Y$ は (2.2) を満たすことは直ちに分かる．また，(2.2) の任意の解 $y_1(x)$ について，$y_1 - y_0$ が (2.3) の解であることも分かる．ここで，

$$Y = y_1 - y_0$$

とおけば，

$$y_1 = y_0 + Y$$

となり，(2.2) の任意の解が，(2.2) の特殊解と同伴方程式の解の和になることが分かった．以上により，Y が同伴方程式 (2.3) のすべての解を動くとき，和 $y_0 + Y$ は (2.2) のすべての解を動くことが分かる．すなわち，次の定理が成り立つ．

> **定理 2.2** 非斉次線形微分方程式の一般解は，その特殊解 $y_0(x)$ と，同伴方程式の一般解 $Y(x)$ の和
>
> $$y = y_0(x) + Y(x)$$
>
> で表される．

> **例題 2.1　斉次方程式と非斉次方程式**
> 微分方程式
> $$y'' + y = 0$$
> について，以下の問に答えよ．
> (1) $\cos x, \sin x$ が上の微分方程式の解であることを確かめよ．
> (2) $2\cos x - 3\sin x$ が上の微分方程式の解である理由を述べよ．
> (3) 微分方程式 $y'' + y = 1$ の一般解を求めよ．

【解答】 (1) $y = \cos x$ とおくと，

$$y' = -\sin x,$$
$$y'' = -\cos x$$

2.1 線形微分方程式

だから，
$$y'' + y = -\cos x + \cos x$$
$$= 0$$

であり，与えられた微分方程式を満たしている．$y = \sin x$ についても同様である．

(2) 微分方程式 $y'' + y = 0$ は斉次線形方程式だから，その解空間を V とすると，(1) より，$\cos x, \sin x$ は V に属しているから，定理 2.1 より

$$2\cos x - 3\sin x$$

もまた V に属している．つまり $y'' + y = 0$ の解になっている．

(3) 定数関数 $y = 1$ は $y'' + y = 1$ の解である．同伴方程式 $y'' + y = 0$ の一般解は (2) から

$$y = C_1 \cos x + C_2 \sin x \quad (C_1, C_2 \text{ は任意定数})$$

であることが想像できるので，定理 2.2 より，$y'' + y = 1$ の一般解は

$$y = 1 + C_1 \cos x + C_2 \sin x \quad (C_1, C_2 \text{ は任意定数})$$

である． □

注意 2.1 $y'' + y = 0$ の一般解が $y = C_1 \cos x + C_2 \sin x$ (C_1, C_2 は任意定数) であることは，2.3 節で説明する．

問題 2.1 微分方程式

$$y'' + y' - 6y = 0$$

について，以下の問に答えよ．
(1) e^{2x}, e^{-3x} が上の微分方程式の解であることを確かめよ．
(2) $5e^{2x} + 11e^{-3x}$ が上の微分方程式の解である理由を述べよ．
(3) $y'' + y' - 6y = 0$ の一般解が $y = C_1 e^{2x} + C_2 e^{-3x}$ (C_1, C_2 は任意定数) であることを用いて，$y'' + y' - 6y = 6$ の一般解を求めよ．

2.2 オイラーの公式と複素数値関数の微分

次の微分方程式を学ぶ前に，ここでは指数関数の複素数における値について考えよう．まず，指数関数 e^x と三角関数 $\cos x, \sin x$ のテイラー展開の公式を思い出そう．

$$e^x = 1 + x + \frac{x^2}{2!} + \frac{x^3}{3!} + \frac{x^4}{4!} + \cdots + \frac{x^n}{n!} + \cdots \tag{2.4}$$

$$\cos x = 1 - \frac{x^2}{2!} + \frac{x^4}{4!} - \cdots + (-1)^n \frac{x^{2n}}{(2n)!} + \cdots \tag{2.5}$$

$$\sin x = x - \frac{x^3}{3!} + \frac{x^5}{5!} - \cdots + (-1)^n \frac{x^{2n+1}}{(2n+1)!} \cdots \tag{2.6}$$

以上の等式はすべての実数 x で成立する．ここで，形式的に (2.4) の x に ix (i は虚数単位) を代入すると，$i^2 = -1$, $i^3 = -i$, $i^4 = 1$ 等に注意して，

$$\begin{aligned}
e^{ix} &= 1 + ix + \frac{(ix)^2}{2!} + \frac{(ix)^3}{3!} + \frac{(ix)^4}{4!} + \frac{(ix)^5}{5!} + \cdots \\
&= 1 + ix + \frac{i^2 x^2}{2!} + \frac{i^3 x^3}{3!} + \frac{i^4 x^4}{4!} + \frac{i^5 x^5}{5!} + \cdots \\
&= 1 + ix - \frac{x^2}{2!} - i\frac{x^3}{3!} + \frac{x^4}{4!} + i\frac{x^5}{5!} + \cdots \\
&= \left(1 - \frac{x^2}{2!} + \frac{x^4}{4!} - \cdots\right) + i\left(x - \frac{x^3}{3!} + \frac{x^5}{5!} - \cdots\right) \\
&= \cos x + i \sin x
\end{aligned}$$

となり，等式

$$e^{ix} = \cos x + i \sin x \tag{2.7}$$

が得られる．これを，指数関数の純虚数 ix における値と定義しよう．(2.7) を**オイラー (Euler) の公式**という．オイラーの公式を用いて，x が複素数のときの e^x の値を次のように定義する．$x = a + ib$ (a, b は実数) に対して，

$$\begin{aligned}
e^{a+ib} &= e^a e^{ib} \\
&= e^a (\cos b + i \sin b)
\end{aligned}$$

この式により，指数関数はすべての複素数にまで拡張できる．

2.2 オイラーの公式と複素数値関数の微分

例題 2.2 指数関数の複素数における値

次の値を求めよ．
(1) $e^{i\pi}$　　(2) $e^{i\pi/3}$　　(3) e^{2+3i}

【解答】 (1)
$$e^{i\pi} = \cos\pi + i\sin\pi$$
$$= -1 + i\cdot 0$$
$$= -1$$

(2)
$$e^{i\pi/3} = \cos\frac{\pi}{3} + i\sin\frac{\pi}{3}$$
$$= \frac{1}{2} + i\frac{\sqrt{3}}{2}$$
$$= \frac{1+\sqrt{3}\,i}{2}$$

(3)
$$e^{2+3i} = e^2(\cos 3 + i\sin 3)$$

□

注意 2.2 実数 x に対して，指数関数 e^x の値は常に正の実数である．しかし，複素数の場合は (1) のように負の値もとりうるので注意しよう．一般に複素数 x に対して，指数関数 e^x は 0 以外のすべての複素数の値をとる．また，実数のときに成り立っている指数法則

$$e^{\alpha+\beta} = e^\alpha e^\beta, \quad e^{\alpha-\beta} = \frac{e^\alpha}{e^\beta}, \quad (e^\alpha)^n = e^{n\alpha}$$

も任意の複素数 α, β と任意の整数 n について成り立つことが証明できる．例えば，1 番目の式は，$\alpha = a+bi$, $\beta = c+di$ (a, b, c, d は実数) として，

$$\begin{aligned}
e^\alpha e^\beta &= e^{a+bi}e^{c+di} \\
&= e^a e^c (\cos b + i\sin b)(\cos d + i\sin d) \\
&= e^{a+c}(\cos b\cos d - \sin b\sin d + i\sin b\cos d + i\cos b\sin d) \\
&= e^{a+c}\{\cos(b+d) + i\sin(b+d)\} \quad \text{(三角関数の加法定理)} \\
&= e^{\alpha+\beta}
\end{aligned}$$

となる．

問題 2.2 次の値を求めよ．
(1) $e^{2i\pi}$　　(2) $e^{i\pi/2}$　　(3) $e^{\log 3 + \sqrt{5}\,i}$

次に，**複素数の値をとる関数の微分**について考えよう．実数 x に対して $f(x)$ が複素数の値をとるとすると，

$$f(x) = g(x) + ih(x) \quad (g(x),\ h(x) \text{ は実数値の関数})$$

と実部と虚部に分けて，$f(x)$ の導関数を

$$f'(x) = g'(x) + ih'(x)$$

で定義する．すなわち，実部と虚部をそれぞれ微分するのである．

例 2.1 e^{ix} の微分は，オイラーの公式より，

$$\begin{aligned}
(e^{ix})' &= (\cos x + i\sin x)' \\
&= -\sin x + i\cos x \\
&= i(\cos x + i\sin x) \\
&= ie^{ix}
\end{aligned}$$

となる． ■

同様に，複素数 $\alpha = a + ib$ に対して，$e^{\alpha x}$ の微分は，

$$\begin{aligned}
(e^{\alpha x})' &= (e^{ax+ibx})' \\
&= \{e^{ax}(\cos bx + i\sin bx)\}' \\
&= (e^{ax}\cos bx)' + i(e^{ax}\sin bx)' \\
&= (e^{ax})'\cos bx + e^{ax}(\cos bx)' + i\{(e^{ax})'\sin bx + e^{ax}(\sin bx)'\} \\
&\hspace{6cm} (\text{積の微分法}) \\
&= ae^{ax}\cos bx - be^{ax}\sin bx + i(ae^{ax}\sin bx + be^{ax}\cos bx) \\
&= (a+ib)e^{ax}\cos bx + (ai-b)e^{ax}\sin bx \\
&= (a+ib)e^{ax}(\cos bx + i\sin bx) \\
&= \alpha e^{\alpha x}
\end{aligned}$$

となるので，次の公式が得られる．

複素数値の指数関数の微分

複素数 α に対して
$$(e^{\alpha x})' = \alpha e^{\alpha x} \qquad (2.8)$$

例題 2.3　指数関数の微分

次の計算をせよ．
(1) $(e^{-2ix})'$ 　　(2) $(2ie^{3ix} - 5e^{-6ix})'$
(3) $(e^{2ix})''$ 　　(4) $(xe^x e^{-2ix})'$

【解答】　公式 (2.8) を用いる．

(1)
$$(e^{-2ix})' = -2ie^{-2ix}$$

(2)
$$(2ie^{3ix} - 5e^{-6ix})' = 2i \cdot 3ie^{3ix} - 5 \cdot (-6i)e^{-6ix}$$
$$= -6e^{3ix} + 30ie^{-6ix}$$

(3)
$$(e^{2ix})'' = 2i(e^{2ix})'$$
$$= (2i)^2 e^{2ix}$$
$$= -4e^{2ix}$$

(4) 指数法則と積の微分法より，
$$(xe^x e^{-2ix})' = (xe^{(1-2i)x})'$$
$$= (x)' e^{(1-2i)x} + x\{e^{(1-2i)x}\}'$$
$$= 1 \cdot e^{(1-2i)x} + x \cdot (1-2i) e^{(1-2i)x}$$
$$= \{(1-2i)x + 1\} e^{(1-2i)x}$$

□

注意 2.3　**複素数を含む指数関数の微分は，虚数単位 i を定数と考えて実数の場合と同じように計算することができる**．ただ，虚数同士の積など定数部分はできるだけ簡単な形にしておこう．

問題 2.3　次の計算をせよ．
(1) $\{e^{(2-3i)x}\}'$ 　　(2) $\{4e^{3ix} - ie^{(5+4i)x}\}'$
(3) $\{e^{(3-4i)x}\}''$ 　　(4) $(x^2 e^{\sqrt{3}ix})''$

2.3 定数係数斉次線形微分方程式 (2階の場合)

線形微分方程式のうち，

$$y'' + 5y' + y = x^2, \quad y''' - 2y'' + 3y = \sin x$$

のように，$y, y', y'', \ldots$ の係数がすべて定数のものを**定数係数**の微分方程式という．また，係数の中に定数でないものを 1 つでも含む場合には**変数係数**の微分方程式という．この節では，定数係数の斉次線形微分方程式の理論で基本となる 2 階の場合を扱うことにしよう．すなわち，扱う方程式は

$$y'' + ay' + by = 0 \quad (a, b \text{ は実数}) \tag{2.9}$$

という形である．(2.9) の解で，$y = e^{\lambda x}$ (λ は定数) の形のものを探そう．$y = e^{\lambda x}$ を (2.9) の左辺に代入すると，

$$\begin{aligned} y'' + ay' + by &= (e^{\lambda x})'' + a(e^{\lambda x})' + be^{\lambda x} \\ &= \lambda^2 e^{\lambda x} + a\lambda e^{\lambda x} + be^{\lambda x} \\ &= (\lambda^2 + a\lambda + b)e^{\lambda x} \end{aligned}$$

となり，$e^{\lambda x} \neq 0$ なので，上の式の右辺が 0 になるための条件は

$$\lambda^2 + a\lambda + b = 0 \tag{2.10}$$

である．これは λ について 2 次方程式だから，これを解いて λ の値が得られることになる．(2.10) を微分方程式 (2.9) の**特性方程式**という．さて，特性方程式の解 (**特性解**という) を $\lambda = \alpha, \beta$ としよう．このとき，以下の 3 つのパターンに分かれる．

(1) α, β が異なる実数のとき

$e^{\alpha x}, e^{\beta x}$ が解空間の基底となり，一般解は

$$y = C_1 e^{\alpha x} + C_2 e^{\beta x} \quad (C_1, C_2 \text{ は任意定数})$$

と表される．このように，一般解を表すとき用いられる $e^{\alpha x}, e^{\beta x}$ を**基本解**という．

2.3 定数係数斉次線形微分方程式 (2階の場合)

(2) $\alpha = p + iq$, $\beta = p - iq$ (p, q は実数で $q \neq 0$) つまり解が共役な複素数のとき

この場合も (1) と同じく，一般解は $y = C_1 e^{\alpha x} + C_2 e^{\beta x}$ となるのだが，この形だと虚数が入っており使いにくい．そこで次のように変形する．

$$\begin{aligned} y &= C_1 e^{\alpha x} + C_2 e^{\beta x} \\ &= C_1 e^{(p+iq)x} + C_2 e^{(p-iq)x} \\ &= C_1 e^{px}(\cos qx + i \sin qx) + C_2 e^{px}\{\cos(-qx) + i \sin(-qx)\} \\ &= C_1 e^{px}(\cos qx + i \sin qx) + C_2 e^{px}(\cos qx - i \sin qx) \\ &= e^{px}(C_1 + C_2)\cos qx + e^{px}(C_1 - C_2)i \sin qx \end{aligned}$$

ここで，$C_1 + C_2$, $(C_1 - C_2)i$ をそれぞれ新しく C_1, C_2 とおき直せば，

$$y = e^{px}(C_1 \cos qx + C_2 \sin qx)$$

となり，実数値関数だけで表すことができる．

(3) $\alpha = \beta$ すなわち重解を持つとき

一般解は $y = C_1 e^{\alpha x} + C_2 e^{\beta x} = (C_1 + C_2)e^{\alpha x}$ と**はならない**．正しくは，

$$\begin{aligned} y &= C_1 e^{\alpha x} + C_2 x e^{\alpha x} \\ &= (C_1 + C_2 x)e^{\alpha x} \quad (C_1, C_2 \text{ は任意定数}) \end{aligned}$$

となる．**注意が必要である**．つまり，基本解は $e^{\alpha x}$, $xe^{\alpha x}$ である．

以上をまとめると，一般解は次のようになる．

特性解が異なる実数 α, β のとき	$y = C_1 e^{\alpha x} + C_2 e^{\beta x}$
特性解が共役な複素数 $p \pm iq$ のとき	$y = e^{px}(C_1 \cos qx + C_2 \sin qx)$
特性解が重解 α を持つとき	$y = (C_1 + C_2 x)e^{\alpha x}$

この公式を頭にたたき込んでおこう．

例題 2.4　特性解が異なる実数の場合

次の微分方程式を解け．
(1)　$y'' - 2y' - 3y = 0$
(2)　$y'' + 3y' + y = 0$

【解答】（1）特性方程式は

$$\lambda^2 - 2\lambda - 3 = 0.$$

左辺を因数分解して，$(\lambda+1)(\lambda-3) = 0$．よって $\lambda = -1, 3$ となるので，求める一般解は

$$y = C_1 e^{-x} + C_2 e^{3x}$$

（C_1, C_2 は任意定数）

となる．

（2）特性方程式は

$$\lambda^2 + 3\lambda + 1 = 0.$$

2 次方程式の解の公式より，$\lambda = \dfrac{-3 \pm \sqrt{5}}{2}$．よって求める一般解は

$$y = C_1 e^{\frac{-3+\sqrt{5}}{2}x} + C_2 e^{\frac{-3-\sqrt{5}}{2}x}$$

（C_1, C_2 は任意定数）

となる． □

注意 2.4
指数関数 e^A の指数部分 A が複雑な形のときは $\exp A$ と書いてもよい．この記法を使うと，(2) の解は

$$y = C_1 \exp\left(\frac{-3+\sqrt{5}}{2}x\right) + C_2 \exp\left(\frac{-3-\sqrt{5}}{2}x\right)$$

（C_1, C_2 は任意定数）

と書ける．

問題 2.4
次の微分方程式を解け．
(1)　$y'' + 5y' + 6y = 0$
(2)　$2y'' - 5y' - 12y = 0$
(3)　$y'' + 6y' - 15y = 0$

2.3 定数係数斉次線形微分方程式 (2 階の場合)

例題 2.5 特性解が共役な複素数の場合

次の微分方程式を解け．
(1) $y'' + 4y = 0$
(2) $y'' + 2y' + 5y = 0$

【解答】 (1) 特性方程式は

$$\lambda^2 + 4 = 0.$$

これより，$\lambda^2 = -4$．よって

$$\lambda = \pm 2i$$

となるので，求める一般解は

$$y = C_1 \cos 2x + C_2 \sin 2x$$

(C_1, C_2 は任意定数)

となる．

(2) 特性方程式は

$$\lambda^2 + 2\lambda + 5 = 0.$$

2 次方程式の解の公式より，$\lambda = -1 \pm 2i$．特性解の

実部は -1，　　虚部は ± 2

だから，求める一般解は

$$y = e^{-x}(C_1 \cos 2x + C_2 \sin 2x)$$

(C_1, C_2 は任意定数)

となる． □

注意 2.5 特性解が共役な複素数の場合は，実部と虚部をきちんと把握することが大事である．(1) の場合は特性解が純虚数（実部が 0）だから，一般解に指数関数は現れない．例題 2.1 (3) ではこれを用いた．

問題 2.5 次の微分方程式を解け．
(1) $9y'' + y = 0$
(2) $y'' + 2y = 0$
(3) $y'' - 5y' + 7y = 0$

例題 2.6　特性解が重解の場合

次の微分方程式を解け．
(1)　$y'' + 2y' + y = 0$
(2)　$4y'' + 12y' + 9y = 0$

【解答】　(1)　特性方程式は
$$\lambda^2 + 2\lambda + 1 = 0.$$
因数分解して $(\lambda+1)^2 = 0$．よって $\lambda = -1$（重解）となるので，求める一般解は
$$y = (C_1 + C_2 x)e^{-x} \quad (C_1, C_2 \text{ は任意定数})$$
となる．

(2)　特性方程式は
$$4\lambda^2 + 12\lambda + 9 = 0.$$
因数分解して $(2\lambda+3)^2 = 0$．よって $\lambda = -\dfrac{3}{2}$（重解）となるので，求める一般解は
$$y = (C_1 + C_2 x)e^{-3x/2} \quad (C_1, C_2 \text{ は任意定数})$$
となる．　□

注意 2.6　特性解が重解の場合は，一般解が特殊な形になるので注意しよう．特性方程式の解を λ としたとき，$y = xe^{\lambda x}$ を元の微分方程式に代入（(2) の場合 $y = xe^{-3x/2}$ を代入）してみると，これも与式の基本解であることが分かる．つまり，$e^{\lambda x}$, $xe^{\lambda x}$ が基本解であり，任意定数の個数は 2 である．例として (2) の場合，$y = xe^{-3x/2}$ を元の微分方程式に代入すると，
$$y' = \left(1 - \frac{3}{2}x\right)e^{-3x/2}, \quad y'' = \left(-3 + \frac{9}{4}x\right)e^{-3x/2}$$
より，
$$4y'' + 12y' + 9y = (-12 + 9x)e^{-3x/2} + (12 - 18x)e^{-3x/2} + 9xe^{-3x/2}$$
$$= 0$$
となり，$y = xe^{-3x/2}$ は解である．

問題 2.6　次の微分方程式を解け．
(1)　$y'' - 6y' + 9y = 0$　　(2)　$36y'' - 84y' + 49y = 0$
(3)　$50y'' + 20y' + 2y = 0$

2.4 定数係数斉次線形微分方程式 (一般の場合)

n 階の定数係数斉次線形微分方程式

$$y^{(n)} + c_{n-1}y^{(n-1)} + \cdots + c_1 y' + c_0 y = 0 \tag{2.11}$$
$$(c_0, \ldots, c_{n-1} \text{ は実数})$$

を考えよう．前節と同様に

$$y = e^{\lambda x} \quad (\lambda \text{ は定数})$$

の形の解を探す．$y = e^{\lambda x}$ を (2.11) に代入すると，

$$(e^{\lambda x})^{(n)} + c_{n-1}(e^{\lambda x})^{(n-1)} + \cdots + c_1(e^{\lambda x})' + c_0 e^{\lambda x} = 0$$
$$\lambda^n e^{\lambda x} + c_{n-1}\lambda^{n-1} e^{\lambda x} + \cdots + c_1 \lambda e^{\lambda x} + c_0 e^{\lambda x} = 0$$
$$(\lambda^n + c_{n-1}\lambda^{n-1} + \cdots + c_1 \lambda + c_0)e^{\lambda x} = 0$$

となり，両辺を $e^{\lambda x}$ で割ると，

$$\lambda^n + c_{n-1}\lambda^{n-1} + \cdots + c_1 \lambda + c_0 = 0 \tag{2.12}$$

となる．これを (2.11) の**特性方程式**という．n 階の定数係数線形微分方程式の場合，特性方程式は n 次方程式であり，代数学の基本定理 (p.62 のコラム参照) により，複素数の範囲に (重複度を込めて) ちょうど n 個の解を持つ．特性方程式の解のうち，重解の扱いが重要である．重解 $\lambda = a$ を持つ場合，方程式 (2.12) の左辺を因数分解したときの因数 $(\lambda - a)$ の個数を**重複度**という．例えば，特性方程式が

$$\lambda^5 - 2\lambda^4 + \lambda^3 = 0$$

のとき，左辺を因数分解して

$$\lambda^3(\lambda - 1)^2 = 0$$

となるから，特性方程式の解 (特性解) は 0 (重複度 3) と 1 (重複度 2) である．また，単解，すなわち重解でないときは重複度は 1 とする．

例題 2.7　特性解を求める

次の微分方程式の特性方程式を求め，その解を重複度をつけて求めよ．
(1) $y''' - 3y'' + 3y' - y = 0$
(2) $y''' - 3y' - 2y = 0$

【解答】 (1) 特性方程式は
$$\lambda^3 - 3\lambda^2 + 3\lambda - 1 = 0$$
$$(\lambda - 1)^3 = 0$$

となるから，特性解は 1（重複度 3）である．

(2) 特性方程式は
$$\lambda^3 - 3\lambda - 2 = 0$$
となる．ここで，
$$f(\lambda) = \lambda^3 - 3\lambda - 2$$
とおくと，$f(-1) = 0$ であるから，因数定理より，$f(\lambda)$ は $\lambda + 1$ で割り切れる．

$$(\lambda^3 - 3\lambda - 2) \div (\lambda + 1) = \lambda^2 - \lambda - 2$$
$$= (\lambda + 1)(\lambda - 2)$$

であるから，
$$(\lambda^3 - 3\lambda - 2) = (\lambda + 1)^2(\lambda - 2)$$

となる．よって，求める特性解は -1（重複度 2）と 2（重複度 1）である．　□

注意 2.7
因数定理を用いた分解を思い出そう．左辺の λ に $\pm \dfrac{\text{定数項の約数}}{\text{最高次の係数の約数}}$ をつぎつぎ代入していき，$\lambda = \dfrac{b}{a}$ を代入したとき左辺の値が 0 になれば，左辺は $a\lambda - b$ を因数に持つ．例えば $f(x) = 4x^3 - 4x^2 - 39x - 36$ のとき，$f\left(-\dfrac{3}{2}\right) = 0$ だから，$f(x)$ は $(2x + 3)$ で割り切れる．実際，$f(x) = (2x + 3)^2(x - 4)$ である．

問題 2.7
次の微分方程式の特性方程式を求め，その解を重複度をつけて求めよ．
(1) $y''' + y'' - 5y' + 3y = 0$
(2) $y''' - y'' - 3y' + 6y = 0$
(3) $y^{(4)} - 4y''' + 6y'' - 4y' + y = 0$

さて，微分方程式 (2.11) の特性解の値と重複度によって，(2.11) の解の形は決まってくる．それを場合分けしてみると，次のようになる．

(1) 特性解が実数 α (重複度 n) のとき

$$y = (C_1 + C_2 x + C_3 x^2 + \cdots + C_n x^{n-1}) e^{\alpha x}$$

$$(C_1, C_2, \ldots, C_n \text{ は任意定数})$$

の形の解を持つ．

(2) 特性解が虚数 $p \pm iq$ (重複度がそれぞれ n) のとき

$$\begin{aligned} y = e^{px} \{ &(C_1 + C_2 x + \ldots + C_n x^{n-1}) \cos qx \\ &+ (C_{n+1} + C_{n+2} x + \ldots + C_{2n} x^{n-1}) \sin qx \} \end{aligned}$$

$$(C_1, C_2, \ldots, C_{2n} \text{ は任意定数})$$

の形の解を持つ．

実際には，特性解すべてについて，その重複度を見ながら，(1), (2) のどちらかの形の解を作り，それらをすべて足し合わせると一般解が得られる．

> **定理 2.3** 上のようにして，n 階の斉次線形微分方程式のすべての特性解について，任意定数を含む解を求めたとき，任意定数の個数の総和は n である．

微分方程式の一般解において，任意定数がかかっている個々の関数を微分方程式の**基本解**という．例えば，特性解 2 の重複度が 3 のときは，$e^{2x}, xe^{2x}, x^2 e^{2x}$ の 3 つの関数が基本解になる．

また，2 階以上の微分方程式で $x = a$ における**初期値問題**を考える場合，単なる 1 個の初期条件 $y(a)$ だけでは解が 1 つに決まらない．2 階の場合は $y(a), y'(a)$ の 2 個の初期条件，3 階の場合は $y(a), y'(a), y''(a)$ の 3 個の初期条件によりただ 1 つの解が決まる（→付録 近似解と存在定理）．これら複数の初期条件を一般解に代入して連立方程式を解けば，初期値問題の解（特殊解）が求まる．

例題 2.8　定数係数斉次線形微分方程式 (1)

次の微分方程式を解け.
(1) $2y''' + 15y'' + 24y' - 16y = 0$
(2) $y^{(4)} - y = 0$

【解答】 (1) 特性方程式は
$$2\lambda^3 + 15\lambda^2 + 24\lambda - 16 = 0$$

特性方程式の左辺を $f(\lambda)$ とおくと, $f\left(\dfrac{1}{2}\right) = 0$ であるから, 左辺は $\lambda - \dfrac{1}{2}$ で割り切れる. すなわち $2\lambda - 1$ で割り切れる.

$$(2\lambda^3 + 15\lambda^2 + 24\lambda - 16) \div (2\lambda - 1) = \lambda^2 + 8\lambda + 16$$
$$= (\lambda + 4)^2$$

よって, 特性解は $\dfrac{1}{2}$ (重複度 1), -4 (重複度 2) である. 求める一般解は

$$y = C_1 e^{x/2} + (C_2 + C_3 x)e^{-4x} \quad (C_1,\ C_2,\ C_3\ \text{は任意定数})$$

となる.

(2) 特性方程式は, $\lambda^4 - 1 = 0$. 左辺を因数分解して,
$$(\lambda^2 + 1)(\lambda^2 - 1) = 0$$

よって, 特性解は ± 1, $\pm i$ (重複度はすべて 1) である. これより, 求める一般解は
$$y = C_1 e^x + C_2 e^{-x} + C_3 \cos x + C_4 \sin x$$
$$(C_1,\ C_2,\ C_3,\ C_4\ \text{は任意定数})$$

となる. □

注意 2.8 以上のようにして, 特性方程式が解ければ, 定数係数斉次線形微分方程式の解がただちに得られる. 例題 2.16, 2.17 も参照のこと.

問題 2.8 次の微分方程式を解け.
(1) $y''' - y'' - 5y' - 3y = 0$
(2) $18y''' + 33y'' - 28y' + 5y = 0$
(3) $y^{(4)} + 5y'' + 4y = 0$

2.4 定数係数斉次線形微分方程式 (一般の場合)

> **例題 2.9 初期値問題**
> 次の初期値問題を解け.
> (1) $y'' - 2y' - 3y = 0, \quad y(0) = 1, y'(0) = 0$
> (2) $y''' + 3y'' + 3y' + y = 0, \quad y(0) = 0, y'(0) = 1, y''(0) = -1$

【解答】 (1) 特性方程式

$$\lambda^2 - 2\lambda - 3 = 0$$

を解いて $\lambda = -1, 3$. よって一般解は

$$y = C_1 e^{-x} + C_2 e^{3x}.$$

両辺を微分して,

$$y' = -C_1 e^{-x} + 3C_2 e^{3x}.$$

ここで, 初期条件 $y(0) = 1, y'(0) = 0$ より,

$$\begin{cases} C_1 + C_2 = 1 \\ -C_1 + 3C_2 = 0 \end{cases}$$

この連立方程式を解くと $C_1 = \dfrac{3}{4}, C_2 = \dfrac{1}{4}$. よって求める初期値問題の解は

$$y = \frac{e^{3x} + 3e^{-x}}{4}$$

である.

(2) 特性方程式

$$\lambda^3 + 3\lambda^2 + 3\lambda + 1 = 0$$

すなわち $(\lambda + 1)^3 = 0$ を解いて, $\lambda = -1$ (重複度 3). よって一般解は

$$y = (C_1 + C_2 x + C_3 x^2) e^{-x}.$$

両辺を微分していくと,

$$y' = (-C_1 + C_2 - C_2 x + 2C_3 x - C_3 x^2) e^{-x},$$
$$y'' = (C_1 - 2C_2 + C_2 x + 2C_3 - 4C_3 x + C_3 x^2) e^{-x}.$$

これらに, $x = 0$ を代入すると, 初期条件より,

$$\begin{cases} C_1 = 0 \\ -C_1 + C_2 = 1 \\ C_1 - 2C_2 + 2C_3 = -1 \end{cases}$$

これを解いて，$C_1 = 0$, $C_2 = 1$, $C_3 = \dfrac{1}{2}$．これより，求める初期値問題の解は

$$y = \left(x + \dfrac{x^2}{2}\right) e^{-x}$$

である． □

注意 2.9 n 階の微分方程式の場合，任意定数が n 個あるため，これらを決定するには n 個の条件が必要になる．初期値問題の場合，条件式における x の値はすべて同一である．そうでない場合（境界値問題 → p.67），解を持たない可能性がある．

問題 2.9 次の初期値問題を解け．
(1) $y'' + y = 0$, $y(0) = 1$, $y'(0) = -1$
(2) $y'' + 3y' + 2y = 0$, $y(0) = -1$, $y'(0) = 2$
(3) $y''' + 6y'' + 12y' + 8y = 0$, $y(0) = y'(0) = y''(0) = 1$

コラム　代数学の基本定理

実数係数の n 次方程式 $a_n x^n + a_{n-1} x^{n-1} + \cdots + a_1 x + a_0 = 0$ について解を求めようとするとき，必ずしも実数解を持つとは限らないことは，

$$x^2 + 1 = 0$$

などを考えれば明らかであろう．では，解を実数以外の範囲にも広げてみたらどうなるであろうか．答えは，複素数で考えるのが最も合理的である．その理由は「複素数係数の n 次方程式は，複素数の範囲に重複度も含めて考えるとちょうど n 個の解を持つ」ことが成り立つからである．これを**代数学の基本定理**といい，ガウス (C. F. Gauss (1777–1855)) が初めて完全な証明を与えた．n 次方程式 $f(x) = 0$ において，$x = \alpha_1$ が解であるとき，$f(\alpha_1) = 0$ であるから，因数定理により，$f(x) = (x - \alpha_1) g(x)$ ($g(x)$ は $(n-1)$ 次式) と因数分解できる．これをくり返すと，任意の n 次式 $f(x)$ は

$$f(x) = a(x - \alpha_1)(x - \alpha_2) \cdots (x - \alpha_n) \quad (a, \alpha_1, \ldots, \alpha_n \text{は複素数})$$

と因数分解できることが分かる．ここで注意することは，代数学の基本定理が保証することは解の**存在**だけであり，その解をどうやって求めるかについてはなにも教えてくれないという点である．2 次方程式については，よく知られた解の公式があり，具体的に解を求めることができる．また，3 次，4 次の方程式についても解の公式が知られている．しかし，5 次以上の方程式については，根号と四則演算から成る解の公式は存在しないことが証明されている（アーベル (N. H. Abel (1802–1829)) の非可解性定理）．

2.5 未定係数法

ここでは，定数係数線形微分方程式で**非斉次**の場合，すなわち，関数 $f(x)$ に対して，

$$y^{(n)} + c_{n-1}y^{(n-1)} + \cdots + c_1 y' + c_0 y = f(x) \tag{2.13}$$
$$(c_0, \ldots, c_{n-1} \text{ は実数})$$

という形の方程式を解くことを考えよう．ここでは，$f(x)$ が多項式，指数関数，三角関数 (sin, cos) の積の形をしている場合を扱うことにする．2.1 節で説明したように，(2.13) の一般解は，(2.13) の特殊解と，斉次部分を取り出した同伴方程式

$$y^{(n)} + c_{n-1}y^{(n-1)} + \cdots + c_1 y' + c_0 y = 0 \tag{2.14}$$

の一般解を加えたものになる．つまり，高階微分方程式のときも定理 2.2 が成り立つ．(2.14) の一般解の求め方はは 2.3, 2.4 節で説明したので，(2.13) の特殊解をどうやって求めるかが問題になる．ここで用いるのは**未定係数法**と呼ばれる，特殊解の形を「予想」して元の方程式に代入し，正確な形を求める方法である．例えば，

$$y'' - 5y' + 4y = e^{2x} \tag{2.15}$$

の場合，特殊解は Ae^{2x}（A は定数）の形になり，

$$y'' + 3y' - 4y = \sin x \tag{2.16}$$

の場合，特殊解は

$$A\cos x + B\sin x \quad (A, B \text{ は定数})$$

の形になる．

x の関数部分が指数関数のとき

特殊解の形を予想するには，次のような表を作るとよい．(2.15) の場合，同伴方程式の特性解は 1, 4 で，右辺の e^{2x} は特性解 2 に属する基本解である．右辺の関数についての特性解に注目して表を作ると次のようになる．

特性解	同伴方程式での重複度	x の関数部分での重複度	重複度の合計	特殊解の形
2	0	1	1	Ae^{2x}

x の関数部分が三角関数の場合

(2.16) の場合は，同伴方程式の特性解は 1，-4 であり，右辺の $\sin x$ は特性解 $\pm i$ のときの一般解に属する解であるから，表は次のようになる．

特性解	同伴方程式 での重複度	x の関数部分 での重複度	重複度 の合計	特殊解の形
$\pm i$	0	1	1	$A\cos x + B\sin x$

このように，右辺に cos, sin の片方しかなくても，**予想される特殊解には cos, sin の両方を用意する必要がある**．

x の関数部分に n 次式を含む場合

$$y'' + y' + y = x^2 e^x$$

のように，x の関数部分が特性解 1 に属しており，x の 2 次式が掛かっているので重複度 3 に対応する解の形になっているとき，表は

特性解	同伴方程式 での重複度	x の関数部分 での重複度	重複度 の合計	特殊解の形
1	0	3	3	$(A_1 x^2 + A_2 x + A_3)e^x$

となる．**係数は A_1，A_2，A_3 と「(重複度)-1」次以下のすべての次数に対して用意する必要がある**．

x の関数部分の属する特性解が同伴方程式の特性解にもなっている場合，すなわち，両辺の特性解がかぶっている場合，予想される特殊解は，斉次次数の特性解の重複度の分だけ次数を上にずらす．結果として，両辺の特性解の重複度を合計したものが特殊解の属する重複度になる．例えば，特性解がかぶっていない場合は，

特性解	同伴方程式 での重複度	x の関数部分 での重複度	重複度 の合計	特殊解の形
5	0	2	2	$(A_1 x + A_2)e^{5x}$

のようになるが，もし同伴方程式が特性解 5 を持てば，

特性解	同伴方程式 での重複度	x の関数部分 での重複度	重複度 の合計	特殊解の形
5	1	2	3	$(A_1 x^2 + A_2 x)e^{5x}$

と特殊解の次数を 1 増やす必要がある．さらに，同伴方程式の特性解が重複度 2 を持つときは，

特性解	同伴方程式 での重複度	x の関数部分 での重複度	重複度 の合計	特殊解の形
5	2	2	4	$(A_1 x^3 + A_2 x^2)e^{5x}$

のように，さらに次数が増える（特殊解における定数の個数は変化しない）．

このようにして，特殊解の形が予想できる．

例題 2.10　特殊解の見つけ方 (1)

次の微分方程式を解け．
(1) $y'' + 2y' - 3y = e^{2x}$
(2) $y'' + 2y' - 3y = xe^{2x}$
(3) $y'' + 2y' - 3y = e^x$

【解答】(1) 同伴方程式の特性方程式は $\lambda^2 + 2\lambda - 3 = (\lambda + 3)(\lambda - 1) = 0$ より，特性解は $-3, 1$ である．また，右辺の e^{2x} は特性解 2（重複度 1）に属する関数であるから，特殊解を

$$y = Ae^{2x}$$

とおいて，元の方程式に代入すると，

$$(Ae^{2x})'' + 2(Ae^{2x})' - 3Ae^{2x} = e^{2x}$$
$$4Ae^{2x} + 4Ae^{2x} - 3Ae^{2x} = e^{2x}$$
$$5Ae^{2x} = e^{2x}$$
$$5A = 1$$

よって，$A = \dfrac{1}{5}$ であるから，特殊解は $\dfrac{1}{5}e^{2x}$ であり，求める一般解は，

$$y = \frac{1}{5}e^{2x} + C_1 e^{-3x} + C_2 e^x \quad (C_1, C_2 \text{ は任意定数})$$

となる．

(2) 同伴方程式の特性解は (1) と同じで $-3,\ 1$ であり，右辺の xe^{2x} は特性解 2（重複度 2）に属する関数である．重複度の表を作ると，

特性解	同伴方程式での重複度	x の関数部分での重複度	重複度の合計	特殊解の形
2	0	2	2	$(Ax+B)e^{2x}$

となり，特殊解 $y=(Ax+B)e^{2x}$ を元の方程式に代入すると，

$$\{(Ax+B)e^{2x}\}'' + 2\{(Ax+B)e^{2x}\}' - 3(Ax+B)e^{2x} = xe^{2x}$$

$$4Ae^{2x} + 4(Ax+B)e^{2x} + 2Ae^{2x} + 4(Ax+B)e^{2x} - 3(Ax+B)e^{2x} = xe^{2x}$$

$$(5Ax + 6A + 5B)e^{x} = xe^{2x}$$

$$5Ax + 6A + 5B = x$$

両辺の係数を比較すると，

$$\begin{cases} 5A = 1 \\ 6A + 5B = 0 \end{cases}$$

これを解いて，$A=\dfrac{1}{5}$, $B=-\dfrac{6}{25}$．よって，特殊解は $\dfrac{5x-6}{25}e^{2x}$ となり，求める一般解は

$$y = \frac{5x-6}{25}e^{2x} + C_1 e^x + C_2 e^{-3x} \quad (C_1,\ C_2 \text{ は任意定数})$$

となる．

(3) 同伴方程式の特性解は (1) と同じで $-3,\ 1$ であり，右辺の e^x は特性解 1 に属する関数である．重複度の表を作ると，

特性解	同伴方程式での重複度	x の関数部分での重複度	重複度の合計	特殊解の形
1	1	1	2	Axe^x

となり，特殊解 $y=Axe^x$ を元の方程式に代入すると，

$$(Axe^x)'' + 2(Axe^x)' - 3Axe^x = e^x$$

$$2Ae^x + Axe^x + 2Ae^x + 2Axe^x - 3Axe^x = e^x$$

$$4Ae^x = e^x$$

$$4A = 1$$

よって，$A=\dfrac{1}{4}$ であるから，特殊解は $\dfrac{1}{4}xe^x$ となり，求める一般解は

$$y = \left(\frac{1}{4}x + C_1\right)e^x + C_2 e^{-3x} \quad (C_1, C_2 \text{ は任意定数})$$

となる. □

注意 2.10 (3) の場合,特殊解を $(Ax+B)e^x$ とおきたくなるが,斉次部分の解として $C_1 e^x$(C_1 は任意定数)が出てくるので定数 B は不要である.このように,**同伴方程式の特性解と x の関数部分の特性解が重なっている場合**,特殊解のおき方に気をつけないといけない.

問題 2.10 次の微分方程式を解け.
 (1) $y'' - 4y' + 3y = 2e^{2x}$
 (2) $y'' + 4y' + 4y = xe^x$
 (3) $y'' - 5y' + 6y = 2e^{3x}$

コラム 境界値問題 ● ● ● ● ● ● ● ● ● ● ● ● ● ●

微分方程式
$$y'' + y = 0 \tag{2.17}$$

の解である関数 $y = f(x)$ ($a \leq x \leq b$) で条件 $f(a) = c_1$, $f(b) = c_2$ を満たすものを求めよ,という問題を**境界値問題**といい,$f(a) = c_1$, $f(b) = c_2$ を**境界条件**という.ここでは,$a = -\pi$, $b = \pi$ として (2.17) の境界値問題を考える.初期値問題と違い,境界値問題では解が存在するとは限らない.また,解が存在しても一意的であるとは限らない.たとえば,(2.17) の境界条件として

$$f(-\pi) = 0, \quad f(\pi) = 0$$

を考えると,境界値問題の解は,

$$f(x) = C \sin x \quad (C \text{ は任意定数})$$

となり,無数に存在する.また,別の境界条件

$$f(-\pi) = 0, \quad f(\pi) = 1$$

を考えると,境界値問題の解は存在しない.これは,(2.17) の一般解 $f(x) = C_1 \cos x + C_2 \sin x$ において,C_1, C_2 がどんな値であろうと $f(-\pi) = f(\pi)$ が成り立つからである.

● ●

例題 2.11　特殊解の見つけ方 (2)

次の微分方程式を解け.
(1) $y'' + y = 5$
(2) $y'' - y' - 6y = 2x$
(3) $y'' - 2y' = x + 1$

【解答】　(1) 同伴方程式の特性方程式は

$$\lambda^2 + 1 = 0.$$

よって特性解は $\pm i$ であり, 右辺の 5 は特性解 0 に属する関数であるから, 特殊解を $y = A$ とおいて元の方程式に代入すると,

$$(A)'' + A = 5$$
$$A = 5$$

よって特殊解は $y = 5$ であり, 求める一般解は

$$y = 5 + C_1 \cos x + C_2 \sin x \quad (C_1, C_2 \text{ は任意定数})$$

となる.

(2) 同伴方程式の特性方程式は

$$\lambda^2 - \lambda - 6 = (\lambda + 2)(\lambda - 3) = 0.$$

よって特性解は 3, -2 であり, 右辺の $2x$ は特性解 0 (重複度 2) に属する関数であるから, 特殊解を $y = Ax + B$ とおいて元の方程式に代入すると,

$$(Ax + B)'' - (Ax + B)' - 6(Ax + B) = 2x$$
$$-A - 6Ax - 6B = 2x$$

両辺の係数を比較して,

$$\begin{cases} -6A = 2 \\ -A - 6B = 0 \end{cases}$$

これを解いて, $A = -\dfrac{1}{3}$, $B = \dfrac{1}{18}$. よって特殊解は $-\dfrac{1}{3}x + \dfrac{1}{18}$ であり, 求める一般解は

$$y = -\frac{1}{3}x + \frac{1}{18} + C_1 e^{3x} + C_2 e^{-2x} \quad (C_1, C_2 \text{ は任意定数})$$

となる.

(3) 同伴方程式の特性方程式は

$$\lambda^2 - 2\lambda = \lambda(\lambda - 2) = 0.$$

よって特性解は $0, 2$ であり, 右辺の $x+1$ は特性解 0 (重複度 2) に属する関数であるから, 重複度の表を作ると,

特性解	同伴方程式での重複度	x の関数部分での重複度	重複度の合計	特殊解の形
0	1	2	3	$Ax^2 + Bx$

となり, 特殊解を $y = Ax^2 + Bx$ とおいて元の方程式に代入すると,

$$(Ax^2 + Bx)'' - 2(Ax^2 + Bx)' = x + 1$$
$$2A - 4Ax - 2B = x + 1$$

両辺の係数を比較すると,

$$\begin{cases} -4A = 1 \\ 2A - 2B = 1 \end{cases}$$

これを解いて, $A = -\frac{1}{4}$, $B = -\frac{3}{4}$. よって特殊解は $-\frac{1}{4}(x^2 + 3x)$ である. これより一般解は

$$y = -\frac{1}{4}(x^2 + 3x) + C_1 + C_2 e^{2x} \quad (C_1, C_2 \text{ は任意定数})$$

となる. □

注意 2.11 (2) において, **特殊解を $y = Ax$ とおいてはいけない**. 原則として定数項まですべての次数に定数をつけなければいけない (この場合は $y = Ax + B$). 一方, (3) のように同伴方程式の特性解が 0 を含む場合は, $y = Ax + B$ とおいてもうまくいかない. 特性解 0 の重複度の分だけ次数の大きい方にずらす必要がある. この場合は 1 つ次数を上げて, $y = Ax^2 + Bx$ とおけばよい.

問題 2.11 次の微分方程式を解け.
(1) $2y'' - 3y' - 2y = x$
(2) $y'' + 5y' + 6y = 3x^2$
(3) $y'' - 8y' = x^2$

例題 2.12　特殊解の見つけ方 (3)

次の微分方程式を解け.
(1) $y'' + 4y = \sin x + x\cos 2x$
(2) $y'' + 2y' + y = xe^{5x} + e^{-x} - 2e^{5x}$

【解答】 (1) 同伴方程式 $y'' + 4y = 0$ の特性解は $\pm 2i$ (重複度 1) である. x の関数部分 $\sin x$, $x\cos 2x$ はそれぞれ特性解 $\pm i$ (重複度 1), $\pm 2i$ (重複度 2) であるから, 重複度の表を作ると,

特性解	同伴方程式での重複度	x の関数部分での重複度	重複度の合計	特殊解の形
$\pm i$	0	1	1	$A\cos x + B\sin x$
$\pm 2i$	1	2	3	$(A_1 x^2 + A_2 x)\cos 2x$ $+ (B_1 x^2 + B_2 x)\sin 2x$

となる. まず, 特性解 $\pm i$ に対する特殊解を求める. $y = A\cos x + B\sin x$ を元の方程式に代入すると,

$$\text{左辺} = y'' + 4y = -A\cos x - B\sin x + 4A\cos x + 4B\sin x$$
$$= 3A\cos x + 3B\sin x$$

となり, 方程式の右辺の $\sin x$ と係数を比較すると,

$$\begin{cases} 3A = 0 \\ 3B = 1 \end{cases} \quad \leftarrow \text{右辺に} \cos x \text{の項はない}$$

となる. これを解いて, $A = 0$, $B = \dfrac{1}{3}$. よって, 特性解 $\pm i$ に対する特殊解は

$$y = \frac{1}{3}\sin x$$

となる.

次に, 特性解 $\pm 2i$ に対する特殊解を求める. $y = (A_1 x^2 + A_2 x)\cos 2x + (B_1 x^2 + B_2 x)\sin 2x$ とおくと, ライプニッツの公式より,

$$y'' = (A_1 x^2 + A_2 x)'' \cos 2x + 2(A_1 x^2 + A_2 x)'(\cos 2x)' + (A_1 x^2 + A_2 x)(\cos 2x)''$$
$$+ (B_1 x^2 + B_2 x)'' \sin 2x + 2(B_1 x^2 + B_2 x)'(\sin 2x)' + (B_1 x^2 + B_2 x)(\sin 2x)''$$
$$= 2A_1 \cos 2x + 2(2A_1 x + A_2)\cdot(-2)\sin 2x + (A_1 x^2 + A_2 x)(-4\cos 2x)$$
$$+ 2B_1 \sin 2x + 2(2B_1 x + B_2)\cdot 2\cos 2x + (B_1 x^2 + B_2 x)\cdot(-4\sin 2x)$$

2.5 未定係数法

$$= \{-4A_1x^2 + (-4A_2 + 8B_1)x + (2A_1 + 4B_2)\}\cos 2x$$
$$+ \{-4B_1x^2 + (-8A_1 - 4B_2)x + (-4A_2 + 2B_1)\}\sin 2x$$

となり，これより

$$y'' + 4y = \{8B_1x + (2A_1 + 4B_2)\}\cos 2x + \{-8A_1x + (-4A_2 + 2B_1)\}\sin 2x$$

であるから，元の方程式と係数を比較して，

$$\begin{cases} 8B_1 = 1 \\ 2A_1 + 4B_2 = 0 \\ -8A_1 = 0 \\ -4A_2 + 2B_1 = 0 \end{cases}$$

となる．これを解いて，

$$A_1 = 0, \quad A_2 = \frac{1}{16}, \quad B_1 = \frac{1}{8}, \quad B_2 = 0$$

となるから，特殊解として

$$y = \frac{1}{16}x\cos 2x + \frac{1}{8}x^2 \sin 2x$$

が得られる．以上より，求める一般解は

$$y = \frac{1}{3}\sin x + \left(\frac{1}{16}x + C_1\right)\cos 2x + \left(\frac{1}{8}x^2 + C_2\right)\sin 2x$$

$$(C_1,\ C_2 \text{ は任意定数})$$

となる．

(2) 同伴方程式の特性解は -1（重複度 2）である．また，x の関数部分の e^x，$(x-2)e^{5x}$ はそれぞれ特性解 -1（重複度 1），5（重複度 2）に対応している．重複度の表を作ると，

特性解	同伴方程式 での重複度	x の関数部分 での重複度	重複度 の合計	特殊解の形
-1	2	1	3	$Ax^2 e^{-x}$
5	0	2	2	$(B_1 x + B_2)e^{5x}$

となる．まず，-1 に対応する特殊解を求める．$y = Ax^2 e^{-x}$ とおいて方程式に代入すると，

左辺 $= y'' + 2y' + y = (Ax^2 e^{-x})'' + 2(Ax^2 e^{-x})' + Ax^2 e^{-x}$
$= (Ax^2 - 4Ax + 2A)e^{-x} + 2(-Ax^2 + 2Ax)e^{-x} + Ax^2 e^{-x}$
$= 2Ae^{-x}$

となり，これを方程式の右辺の e^{-x} の項と比較して，

$$2A = 1$$

より $A = \dfrac{1}{2}$. よって，特性解 -1 に対応する特殊解は $\dfrac{1}{2}x^2 e^{-x}$ である．

次に特性解 5 に対応する特殊解を求める．$y = (B_1 x + B_2)e^{5x}$ とおいて方程式に代入すると，

左辺 $= y'' + 2y' + y$
$= \{(B_1 x + B_2)e^{5x}\}'' + 2\{(B_1 x + B_2)e^{5x}\}' + (B_1 x + B_2)e^{5x}$
$= \{10B_1 + 25(B_1 x + B_2)\}e^{5x} + 2\{B_1 + 5(B_1 x + B_2)\}e^{5x} + (B_1 x + B_2)e^{5x}$
$= (36B_1 x + 12B_1 + 36B_2)e^{5x}$

となる．方程式の右辺の $(x - 2)e^{5x}$ と比較すると，

$$\begin{cases} 36B_1 = 1 \\ 12B_1 + 36B_2 = -2 \end{cases}$$

となる．この連立 1 次方程式を解いて $B_1 = \dfrac{1}{36}$, $B_2 = -\dfrac{7}{108}$. よって，特性解 5 に対応する特殊解は $\left(\dfrac{x}{36} - \dfrac{7}{108}\right)e^{5x}$ である．以上より，求める一般解は

$$y = \left(\dfrac{1}{2}x^2 + C_1 x + C_2\right)e^{-x} + \left(\dfrac{x}{36} - \dfrac{7}{108}\right)e^{5x}$$

$(C_1, C_2$ は任意定数$)$

となる． □

注意 2.12 (2) の xe^{5x} と $-2e^{5x}$ のように，同じ特性解に属する項はまとめてから対応する特殊解を求めた方が効率がよい．

問題 2.12 次の微分方程式を解け．
(1) $y'' - 3y' + 2y = e^x - 2e^{2x}$
(2) $y'' + y = \cos x + \sin x + \cos 2x$
(3) $y'' - 2y' + y = (6x + 4)e^x$

2.6 定数変化法

この節では，非斉次線形微分方程式

$$y'' + p(x)y' + q(x)y = r(x) \quad (p(x),\ q(x),\ r(x) \text{ は } x \text{ の関数}) \tag{2.18}$$

の解を，同伴方程式

$$y'' + p(x)y' + q(x)y = 0 \tag{2.19}$$

の解から求める方法を説明する．

同伴方程式 (2.19) の基本解 $f_1(x)$, $f_2(x)$ がなんらかの方法で分かっているとする．このとき，(2.19) の一般解は

$$y = C_1 f_1(x) + C_2 f_2(x) \quad (C_1,\ C_2 \text{ は任意定数})$$

となる．さて，(2.18) の一般解を

$$y = C_1(x)f_1(x) + C_2(x)f_2(x) \quad (C_1(x),\ C_2(x) \text{ は } x \text{ の関数}) \tag{2.20}$$

の形で探してみよう．(2.20) の両辺を微分すると，

$$y' = C_1(x)f_1'(x) + C_2(x)f_2'(x) + C_1'(x)f_1(x) + C_2'(x)f_2(x) \tag{2.21}$$

となり，さらにもう 1 回微分すると，

$$\begin{aligned} y'' &= C_1(x)f_1''(x) + C_2(x)f_2''(x) + C_1'(x)f_1'(x) + C_2'(x)f_2'(x) \\ &\quad + \{C_1'(x)f_1(x) + C_2'(x)f_2(x)\}' \end{aligned} \tag{2.22}$$

となる．ここで，もし $C_1(x)$, $C_2(x)$ が等式

$$C_1'(x)f_1(x) + C_2'(x)f_2(x) = 0 \tag{2.23}$$

$$C_1'(x)f_1'(x) + C_2'(x)f_2'(x) = r(x) \tag{2.24}$$

を満たすならば，(2.20), (2.21), (2.22) より，

$$y = C_1(x)f_1(x) + C_2(x)f_2(x)$$

$$y' = C_1(x)f_1'(x) + C_2(x)f_2'(x)$$
$$y'' = C_1(x)f_1''(x) + C_2(x)f_2''(x) + r(x)$$

だから，

$$y'' + p(x)y' + q(x)y$$
$$= C_1(x)\{f_1''(x) + p(x)f_1'(x) + q(x)f_1(x)\}$$
$$+ C_2(x)\{f_2''(x) + p(x)f_2'(x) + q(x)f_2(x)\} + r(x)$$
$$= r(x) \quad (f_1(x),\ f_2(x) \text{ は (2.19) の解だから})$$

となり，(2.20) が (2.18) の解になっていることが分かる．(2.23) と (2.24) を $C_1'(x)$, $C_2'(x)$ の連立方程式と見て解くと，

$$C_1'(x) = \frac{-r(x)f_2(x)}{f_1 f_2' - f_1' f_2}$$
$$C_2'(x) = \frac{r(x)f_1(x)}{f_1 f_2' - f_1' f_2}$$

となるから，これらを積分して，

$$C_1(x) = -\int \frac{r(x)f_2(x)}{f_1 f_2' - f_1' f_2}\, dx$$
$$C_2(x) = \int \frac{r(x)f_1(x)}{f_1 f_2' - f_1' f_2}\, dx$$

となる．これらの式を (2.20) に代入すると，(2.18) の一般解

$$y = -f_1(x)\int \frac{r(x)f_2(x)}{W(x)}\, dx + f_2(x)\int \frac{r(x)f_1(x)}{W(x)}\, dx$$
$$(\text{ただし},\ W(x) = f_1 f_2' - f_1' f_2)$$

を得る．このように，同伴方程式の一般解の任意定数を関数に変化させて元の微分方程式の解を得る方法を**定数変化法**という．ここで，関数行列式

$$W(x) = \begin{vmatrix} f_1 & f_2 \\ f_1' & f_2' \end{vmatrix} = f_1 f_2' - f_1' f_2$$

は 0 でないと仮定している．$W(x)$ のことを**ロンスキアン** (Wronskian) という．

2.6 定数変化法

例題 2.13 定数変化法による解法

微分方程式 $y'' - 3y' + 2y = e^{-x}$ を定数変化法を用いて解け．

【解答】　まず，同伴方程式 $y'' - 3y' + 2y = 0$ の解を求める．特性方程式 $\lambda^2 - 3\lambda + 2 = 0$ を解いて，$\lambda = 1, 2$．よって，$f_1(x) = e^x$, $f_2(x) = e^{2x}$ が基本解である．

次に，ロンスキアン $W(x)$ を計算する．

$$\begin{aligned} W(x) &= f_1 f_2' - f_1' f_2 \\ &= e^x (e^{2x})' - (e^x)' e^{2x} \\ &= e^x \cdot 2e^{2x} - e^x \cdot e^{2x} \\ &= e^{3x} \end{aligned}$$

よって，解の公式より，

$$\begin{aligned} y &= -f_1(x) \int \frac{r(x) f_2(x)}{W(x)} \, dx + f_2(x) \int \frac{r(x) f_1(x)}{W(x)} \, dx \\ &= -e^x \int \frac{e^{-x} e^{2x}}{e^{3x}} \, dx + e^{2x} \int \frac{e^{-x} e^x}{e^{3x}} \, dx \\ &= -e^x \int e^{-2x} \, dx + e^{2x} \int e^{-3x} \, dx \\ &= -e^x \left(-\frac{1}{2} e^{-2x} + C_1 \right) + e^{2x} \left(-\frac{1}{3} e^{-3x} + C_2 \right) \\ &= \frac{1}{2} e^{-x} - C_1 e^x - \frac{1}{3} e^{-x} + C_2 e^{2x} \\ &= \frac{1}{6} e^{-x} - C_1 e^x + C_2 e^{2x} \end{aligned}$$

よって，求める一般解は

$$y = \frac{1}{6} e^{-x} + C_1 e^x + C_2 e^{2x} \quad (C_1, C_2 \text{ は任意定数})$$

である．　　　□

注意 2.13　最後のところで，$-C_1$ を C_1 に置き換えているが，C_1 は任意定数なので，見やすくなるように定数倍（この場合は (-1) 倍）しても構わない．

問題 2.13　定数変化法を用いて，次の微分方程式を解け．
(1)　$y'' - 4y = e^{3x}$
(2)　$y'' + y = 2$
(3)　$y'' - 2y' + 3y = e^x$

例題 2.14　オイラーの微分方程式

(1) 微分方程式 $x^2y'' + 2xy' - 2y = 0$ の解を $y = x^\rho$ (ρ は定数) の形で求めよ．

(2) 微分方程式 $x^2y'' + 2xy' - 2y = x$ を定数変化法を用いて解け．

【解答】(1) $y = x^\rho$ を $x^2y'' + 2xy' - 2y = 0$ に代入すると，

$$x^2\rho(\rho-1)x^{\rho-2} + 2x\rho x^{\rho-1} - 2x^\rho = 0$$
$$x^\rho\{\rho(\rho-1) + 2\rho - 2\} = 0$$
$$\rho(\rho-1) + 2\rho - 2 = 0$$
$$\rho^2 + \rho - 2 = 0$$

この 2 次方程式を解いて，$\rho = -2, 1$. よって，

$$y = x^{-2}, \quad y = x$$

が解である．

(2) 方程式の両辺を x^2 で割って，

$$y'' + \frac{2}{x}y' - \frac{2}{x^2}y = x^{-1}$$

とする．(1) より，

$$f_1(x) = x^{-2},$$
$$f_2(x) = x$$

とおいて定数変化法を適用する．ロンスキアン $W(x)$ は，

$$W(x) = x^{-2}(x)' - (x^{-2})'x$$
$$= x^{-2} + 2x^{-3}x$$
$$= 3x^{-2}$$

よって，解の公式より，

$$y = -x^{-2}\int \frac{x^{-1}\cdot x}{3x^{-2}}\,dx + x\int \frac{x^{-1}\cdot x^{-2}}{3x^{-2}}\,dx$$
$$= -\frac{x^{-2}}{3}\int x^2\,dx + \frac{x}{3}\int x^{-1}\,dx$$

$$= -\frac{x^{-2}}{3}\left(\frac{1}{3}x^3 + C_1\right) + \frac{x}{3}(\log|x| + C_2)$$
$$= -\frac{1}{9}x - C_1 x^{-2} + \frac{1}{3}x\log|x| + C_2 x$$

よって求める一般解は
$$y = \frac{1}{3}x\log|x| - C_1 x^{-2} + C_2 x$$
$$(C_1,\ C_2 \text{ は任意定数})$$

である. □

注意 2.14 この例題のように
$$x^2 y'' + axy' + by = 0 \quad (a,\ b \text{ は定数})$$

の形の方程式を**オイラーの微分方程式**（または**コーシー** (Cauchy) **の微分方程式**）という．この方程式に $y = x^\rho$ を代入して得られる 2 次方程式 $\rho(\rho-1) + a\rho + b = 0$ を**決定方程式**という．決定方程式の解によって，オイラーの微分方程式の一般解は次のようになる．

(i) 異なる実数解 $\rho_1,\ \rho_2$ を持つとき，
$$y = C_1 x^{\rho_1} + C_2 x^{\rho_2}$$

(ii) 重解 ρ_1 を持つとき，
$$y = x^{\rho_1}(C_1 + C_2 \log|x|)$$

(iii) 複素数解 $p \pm qi$ を持つとき，
$$y = x^p\{C_1 \cos(q\log|x|) + C_2 \sin(q\log|x|)\}$$

問題 2.14 (1) 微分方程式 $x^2 y'' + 5xy' - 12y = 0$ の解を $y = x^\rho$ (ρ は定数) の形で求めよ．
(2) 微分方程式 $x^2 y'' + 5xy' - 12y = x^2$ を定数変化法を用いて解け．

2.7 演算子法

微分演算子

定数係数の線形微分方程式を調べるには，**微分演算子** D を使うと便利である．D の定義は

$$Df(x) = \frac{d}{dx}f(x) = f'(x)$$

である．つまり，D はその右隣にある関数 $f(x)$ に対して，導関数 $f'(x)$ を対応させる記号である．また，

$$D^2 f(x) = D(Df(x)) = f''(x),$$
$$D^3 f(x) = D(D^2 f(x)) = f'''(x),$$
$$\cdots$$

のように，D の n 乗は n 階微分を表す．さらに，

$$(D^2 + D - 1)f(x) = D^2 f(x) + Df(x) - 1 \cdot f(x)$$
$$= f''(x) + f'(x) - f(x),$$
$$(2D^3 - 5D)f(x) = 2 \cdot D^3 f(x) - 5 \cdot Df(x)$$
$$= 2f'''(x) - 5f'(x)$$

のように，D の多項式を関数 $f(x)$ に掛けることもできる．

$P(D), Q(D)$ を D の多項式，a, b を定数とするとき，次の性質が成り立つ．

微分演算子の性質

(1) $P(D)\{af(x) + bg(x)\} = aP(D)f(x) + bP(D)g(x)$
(2) $\{P(D) + Q(D)\}f(x) = P(D)f(x) + Q(D)f(x)$
(3) $\{P(D)Q(D)\}f(x) = P(D)\{Q(D)f(x)\} = Q(D)\{P(D)f(x)\}$

例 2.2 $P(D) = D^2$, $f(x) = 2x^3$, $g(x) = x - 4$ とすると，

$$P(D)\{f(x) + g(x)\} = D^2(2x^3 + x - 4)$$
$$= D\{D(2x^3 + x - 4)\}$$
$$= D(6x^2 + 1)$$
$$= 12x.$$

2.7 演算子法

$$P(D)f(x) + P(D)g(x) = D^2(2x^3) + D^2(x-4)$$
$$= D(6x^2) + D(1)$$
$$= 12x.$$

よって微分演算子の性質 (1) が成り立っている. □

例 2.3 $P(D) = D+2$, $Q(D) = D^2 - 4$, $f(x) = x^4$ とすると,

$$P(D)\{Q(D)f(x)\} = (D+2)\{(D^2-4)x^4\}$$
$$= (D+2)(-4x^4 + 12x^2)$$
$$= -8x^4 - 16x^3 + 24x^2 + 24x.$$

$Q(D)\{P(D)f(x)\}$, $\{P(D)Q(D)\}f(x)$ を計算しても同じ結果になるので, 微分演算子の性質 (3) が成り立っている. □

微分演算子を使って微分方程式を書き表すと, 特性方程式がすぐに分かる. 例えば,

$$y'' - 5y' + 6y = 0 \tag{2.25}$$

という微分方程式は, D を使って表すと,

$$D^2y - 5Dy + 6y = 0$$

となり, 微分演算子の性質 (2) より,

$$(D^2 - 5D + 6)y = 0$$

と y についてまとめることができる. このとき, (2.25) の特性方程式は

$$\lambda^2 - 5\lambda + 6 = 0$$

である. 一般に, D の多項式 $P(D)$ を使って, 微分方程式が

$$P(D)y = 0$$

という形に書けるとき, その特性方程式は

$$P(\lambda) = 0$$

となる.

> **例題 2.15　演算子の計算**
> D を微分演算子とするとき，次の式を計算せよ．
> (1)　$(D+2)(x^3+5x-7)$
> (2)　$(D^2+4)\cos 2x$
> (3)　$(D-1)^2 e^{3x}$

【解答】　(1)　微分演算子の性質 (2) を用いて，

$$(D+2)(x^3+5x-7) = D(x^3+5x-7) + 2(x^3+5x-7)$$
$$= (3x^2+5) + (2x^3+10x-14)$$
$$= 2x^3 + 3x^2 + 10x - 9$$

となる．

(2)　上と同様に

$$(D^2+4)\cos 2x = D^2 \cos 2x + 4\cos 2x$$
$$= D(D\cos 2x) + 4\cos 2x$$
$$= D(-2\sin 2x) + 4\cos 2x$$
$$= -4\cos 2x + 4\cos 2x$$
$$= 0$$

となる．

(3)

$$(D-1)^2 e^{3x} = (D^2 - 2D + 1)e^{3x}$$
$$= D^2 e^{3x} - 2D e^{3x} + 1 \cdot e^{3x}$$
$$= 9e^{3x} - 6e^{3x} + e^{3x}$$
$$= 4e^{3x}$$

注意 2.15　(2) の場合，$\cos 2x$ は微分方程式

$$y'' + 4y = 0$$

の解なので，$(D^2+4)\cos 2x$ は 0 になる．

問題 2.15　D を微分演算子とするとき，次の計算をせよ．
(1)　$(D+3)e^{-3x}$ 　　　(2)　$(D+1)(D-2)x^4$
(3)　$(D^2+1)^2 x\cos x$

2.7 演算子法

> **例題 2.16** 定数係数斉次線形微分方程式 (2)
> D を微分演算子とするとき，次の微分方程式を解け．
> (1) $(D-2)^3 y = 0$
> (2) $(D^2 - 2D + 5)^2 y = 0$

【解答】 (1) 特性方程式は

$$(\lambda - 2)^3 = 0$$

よって，特性解は 2（重複度 3）であるから，求める一般解は，

$$y = (C_1 + C_2 x + C_3 x^2) e^{2x}$$

$(C_1, C_2, C_3$ は任意定数$)$

となる．

(2) 特性方程式は

$$(\lambda^2 - 2\lambda + 5)^2 = 0$$

ここで 2 次方程式

$$\lambda^2 - 2\lambda - 5 = 0$$

を解くと $\lambda = 1 \pm 2i$ であるから，特性解は $1 \pm 2i$（重複度はそれぞれ 2）である．よって，求める一般解は，

$$y = e^x \{(C_1 + C_2 x) \cos 2x + (C_3 + C_4 x) \sin 2x\}$$

$(C_1, C_2, C_3, C_4$ は任意定数$)$

となる． □

注意 2.16 (1) は 3 階の微分方程式で，(2) は 4 階の微分方程式であり，それぞれ，方程式の階数と任意定数の個数が一致することを確認しよう．

問題 2.16 D を微分演算子とするとき，次の微分方程式を解け．
(1) $(D+5)^3 y = 0$
(2) $D^4 y = 0$
(3) $(D^2 + 5D + 7)^3 y = 0$

例題 2.17　定数係数斉次線形微分方程式 (3)

D を微分演算子とするとき，次の微分方程式を解け．
(1) $(D-1)(D+2)^2 y = 0$
(2) $(D^2+4)(D^2-6D+13)^2 y = 0$

【解答】 (1) 特性解は，1（重複度 1），-2（重複度 2）であるから，一般解は

$$y = C_1 e^x + (C_2 + C_3 x)e^{-2x}$$

（C_1, C_2, C_3 は任意定数）

である．

(2) 2つの2次方程式

$$\lambda^2 + 4 = 0,$$
$$\lambda^2 - 6\lambda + 13 = 0$$

の解はそれぞれ $\lambda = \pm 2i$, $\lambda = 3 \pm 2i$ であるから，特性解は $\pm 2i$（重複度はそれぞれ 1），$3 \pm 2i$（重複度はそれぞれ 2）である．よって，求める一般解は

$$y = C_1 \cos 2x + C_2 \sin 2x + e^{3x}\{(C_3 + C_4 x)\cos 2x + (C_5 + C_6 x)\sin 2x\}$$

（C_j, $j = 1, 2, \ldots, 6$ は任意定数）

となる．　□

注意 2.17　(2)において，特性解の $\pm 2i$ と $3 \pm 2i$ は対応する解の三角関数の部分が同じであるが，指数関数の部分が異なっており，この2組の解はまったく別物である．注意してほしい．$\cos 2x$, $\sin 2x$ でまとめると

$$y = \{C_1 + e^{3x}(C_3 + C_4 x)\}\cos 2x$$
$$+ \{C_2 + e^{3x}(C_5 + C_6 x)\}\sin 2x$$

となることからも分かるであろう．

問題 2.17　D を微分演算子とするとき，次の微分方程式を解け．
(1) $(D+1)(D+2)(D+3)y = 0$
(2) $(D^2+9)D^2 y = 0$
(3) $(D^2+2D-4)(D^2+2D+4)y = 0$

逆演算子

ここで，非斉次の定数係数線形微分方程式の解を求める別の方法として**演算子法**を説明する．演算子法は未定係数法よりも広い範囲の方程式に適用できる．その反面，覚えるべき事柄が多くなる．

まず，非斉次定数係数線形微分方程式の解は，「同伴方程式の一般解（任意定数を含む）」と「**非斉次項に対応する**特殊解（任意定数を含まない）」の和で表されることを思い出そう．演算子法においても，同伴方程式の一般解を最初に求めておくことは未定係数法と同じである．問題は，非斉次項に対応する特殊解の求め方である．これを説明する．

微分方程式が D の多項式 $P(D)$ を使って，

$$P(D)y = f(x)$$

と表されるとき，非斉次項 $f(x)$ に対応する微分方程式の特殊解を

$$y = \frac{1}{P(D)}f(x)$$

で表す．したがって，いろいろなタイプの関数 $f(x)$ に対して $\dfrac{1}{P(D)}f(x)$ を求める方法を覚えれば，微分方程式が解けるということになる．

逆演算子 $\dfrac{1}{P(D)}$, $\dfrac{1}{Q(D)}$ に対して次の性質が成り立つ．

逆演算子の性質

(A) $\dfrac{1}{P(D)}\{af(x) + bg(x)\} = a \cdot \dfrac{1}{P(D)}f(x) + b \cdot \dfrac{1}{P(D)}g(x)$

(B) $\left\{\dfrac{1}{P(D)} + \dfrac{1}{Q(D)}\right\}f(x) = \dfrac{1}{P(D)}f(x) + \dfrac{1}{Q(D)}f(x)$

(C) $\dfrac{1}{P(D)Q(D)}f(x) = \dfrac{1}{P(D)}\left\{\dfrac{1}{Q(D)}f(x)\right\}$
$\qquad\qquad\quad = \dfrac{1}{Q(D)}\left\{\dfrac{1}{P(D)}f(x)\right\}$

具体的に特殊解を計算するためには，次の公式を覚えよう．ここで，$P(D)$ は 0 でない D の多項式とする．

逆演算子の公式

(1) $\dfrac{1}{D}f(x) = \displaystyle\int f(x)\,dx$

(2) $\dfrac{1}{D-a}f(x) = e^{ax}\displaystyle\int e^{-ax}f(x)\,dx$

(3) $\dfrac{1}{P(D)}e^{bx} = \dfrac{1}{P(b)}e^{bx}$ （$P(b) \neq 0$ のとき）

(4) $\dfrac{1}{(D-a)^n}e^{ax} = \dfrac{x^n}{n!}e^{ax}$ （$n = 1, 2, \ldots$）

(5) $\dfrac{1}{P(D^2)}\cos bx = \dfrac{1}{P(-b^2)}\cos bx$ （$P(-b^2) \neq 0$ のとき）

(6) $\dfrac{1}{D^2+b^2}\cos bx = \dfrac{1}{2b}x\sin bx$

(7) $\dfrac{1}{P(D^2)}\sin bx = \dfrac{1}{P(-b^2)}\sin bx$ （$P(-b^2) \neq 0$ のとき）

(8) $\dfrac{1}{D^2+b^2}\sin bx = -\dfrac{1}{2b}x\cos bx$

さらに，等比級数の和

$$\frac{1}{x-a} = -\frac{1}{a} - \frac{x}{a^2} - \frac{x^2}{a^3} - \cdots - \frac{x^n}{a^{n+1}} - \cdots$$

で x に D を対応させた式を多項式関数 $f(x)$ に作用させたもの

(9) $\dfrac{1}{D-a}f(x) = -\dfrac{1}{a}f(x) - \left(\dfrac{1}{a}\right)^2 Df(x) - \left(\dfrac{1}{a}\right)^3 D^2f(x) - \cdots$
$\qquad\qquad\qquad - \left(\dfrac{1}{a}\right)^{n+1} D^n f(x) - \cdots$

が成り立つことが知られている．$f(x)$ が n 次式の場合は，

$$D^N f(x) = 0 \quad (N = n+1,\ n+2,\ldots)$$

となるので右辺の級数は有限和である．

例題 2.18　逆演算子の計算 (1)

D を微分演算子とするとき，次の式を計算せよ．

(1) $\dfrac{1}{D^2+3D-4}e^{5x}$

(2) $\dfrac{1}{D^4-2D^2+1}\cos x$

【解答】 (1)
$$P(D)=D^2+3D-4$$

とおくと，$P(5)=5^2+3\cdot 5-4=36\neq 0$ であるから逆演算子の公式 (3) より，

$$\dfrac{1}{D^2+3D-4}e^{5x}=\dfrac{1}{P(5)}e^{5x}$$
$$=\dfrac{1}{36}e^{5x}$$

となる．

(2)
$$Q(D^2)=D^4-2D^2+1=(D^2)^2-2D^2+1$$

とおくと，$Q(-1)=(-1)^2-2\cdot(-1)+1=4\neq 0$ だから逆演算子の公式 (5) より，

$$\dfrac{1}{D^4-2D^2+1}\cos x=\dfrac{1}{Q(-1)}\cos x$$
$$=\dfrac{1}{4}\cos x$$

となる．　□

注意 2.18　逆演算子の公式 (3), (5), (7) の使い方に慣れよう．$\dfrac{1}{F(D)}e^{ax}$，$\dfrac{1}{Q(D^2)}\cos bx$ 等の計算において，$P(a)=0$ や $Q(-b^2)=0$ のときはこれらの公式は使えないので注意しよう．

問題 2.18　D を微分演算子とするとき，次の計算をせよ．

(1) $\dfrac{1}{D-5}e^{2x}$

(2) $\dfrac{1}{D^3-2D+1}e^{-x}$

(3) $\dfrac{1}{2D^4+D^2-3}\sin 2x$

例題 2.19　逆演算子の計算 (2)

D を微分演算子とするとき，次の式を計算せよ．

(1) $\dfrac{1}{D-5}e^{5x}$

(2) $\dfrac{1}{(D+2)^3}e^{-2x}$

(3) $\dfrac{1}{D^2+25}\sin 5x$

【解答】(1) 逆演算子の公式 (4) より，

$$\frac{1}{D-5}e^{5x} = \frac{x^1}{1!}e^{5x}$$
$$= xe^{5x}$$

となる．

(2) 逆演算子の公式 (4) より，

$$\frac{1}{(D+2)^3}e^{-2x} = \frac{x^3}{3!}e^{-2x}$$
$$= \frac{1}{6}x^3e^{-2x}$$

となる．

(3) 逆演算子の公式 (8) より，

$$\frac{1}{D^2+25}\sin 5x = \frac{1}{D^2+5^2}\sin 5x$$
$$= -\frac{1}{10}x\cos 5x$$

となる．

【別解】(1) 逆演算子の公式 (2) より，

$$\frac{1}{D-5}e^{5x} = e^{5x}\int e^{-5x}\cdot e^{5x}\,dx$$
$$= e^{5x}\int e^0\,dx$$
$$= e^{5x}\int 1\,dx$$
$$= e^{5x}\cdot(x+C)$$
$$= (x+C)e^{5x} \quad (C \text{ は任意定数})$$

となる．

(2) 逆演算子の公式 (2) より，

$$\frac{1}{(D+2)^3}e^{-2x}$$
$$= \frac{1}{D+2}\left\{\frac{1}{D+2}\left(\frac{1}{D+2}e^{-2x}\right)\right\}$$
$$= e^{-2x}\int e^{2x}\left\{e^{-2x}\int e^{2x}\left(e^{-2x}\int e^{2x}\cdot e^{-2x}\,dx\right)dx\right\}dx$$
$$= e^{-2x}\int e^{2x}\cdot e^{-2x}\left\{\int e^{2x}\cdot e^{-2x}\left(\int 1\,dx\right)dx\right\}dx$$
$$= e^{-2x}\int\left\{\int (x+C_1)\,dx\right\}dx$$
$$= e^{-2x}\int\left(\frac{1}{2}x^2+C_1x+C_2\right)dx$$
$$= e^{-2x}\left(\frac{1}{6}x^3+\frac{C_1}{2}x^2+C_2x+C_3\right) \quad (C_1,\ C_2,\ C_3\text{ は任意定数})$$

となる． □

注意 2.19 (1), (2) の第 2 の解法において任意定数が出てきているが，これは別に含めなくてもよい．後で微分方程式を解くときには，任意定数の部分は「微分方程式の同伴方程式」の一般解として得られるからである．

(2) の別解で分かるように，

$$\frac{1}{(D-a)^n}f(x) = e^{ax}\int e^{-ax}\cdot e^{ax}\int e^{-ax}\cdot e^{ax}\int\cdots\int e^{-ax}f(x)\,dx\,dx\cdots dx$$
$$= e^{ax}\underbrace{\int\cdots\int}_{n\text{ 個}} e^{-ax}f(x)\,dx\cdots dx$$

が成り立つ．

問題 2.19 D を微分演算子とするとき，次の計算をせよ．

(1) $\dfrac{1}{D+4}e^{-4x}$

(2) $\dfrac{1}{D^2-2D+1}e^x$

(3) $\dfrac{1}{D^2+9}\cos 3x$

例題 2.20　逆演算子の計算 (3)

D を微分演算子とするとき，次の式を計算せよ．
(1) $\dfrac{1}{D+2}(x+2)$
(2) $\dfrac{1}{(D-1)(D+3)}x^2$
(3) $\dfrac{1}{D^2(D-1)}(x^3+5)$

【解答】(1) 逆演算子の公式 (9) より，

$$\dfrac{1}{D+2}(x+2) = \left\{-\left(\dfrac{1}{-2}\right) - \left(\dfrac{1}{-2}\right)^2 D - \left(\dfrac{1}{-2}\right)^3 D^2 - \cdots \right\}(x+2)$$
$$= \left(\dfrac{1}{2} - \dfrac{1}{4}D + \dfrac{1}{8}D^2 - \cdots \right)(x+2)$$
$$= \dfrac{1}{2}(x+2) - \dfrac{1}{4}D(x+2) + \dfrac{1}{8}D^2(x+2) - \cdots$$
$$= \dfrac{1}{2}(x+2) - \dfrac{1}{4}\cdot 1 + 0 - \cdots$$
$$= \dfrac{x}{2} + 1 - \dfrac{1}{4}$$
$$= \dfrac{x}{2} + \dfrac{3}{4}$$

となる．

(2) 逆演算子の公式 (9) より，

$$\dfrac{1}{D-1} = -1 - D - D^2 - D^3 - \cdots$$
$$\dfrac{1}{D+3} = \dfrac{1}{3} - \dfrac{1}{9}D + \dfrac{1}{27}D^2 + \cdots$$

これらを辺々掛けて，D^2 の項まで計算すると，

$$-\dfrac{1}{3} - \left(\dfrac{1}{3} - \dfrac{1}{9}\right)D - \left(\dfrac{1}{27} - \dfrac{1}{9} + \dfrac{1}{3}\right)D^2 = -\dfrac{1}{3} - \dfrac{2}{9}D - \dfrac{7}{27}D^2$$

よって，

$$\dfrac{1}{(D-1)(D+3)}x^2 = \left(-\dfrac{1}{3} - \dfrac{2}{9}D - \dfrac{7}{27}D^2\right)x^2$$
$$= -\dfrac{x^2}{3} - \dfrac{4}{9}x - \dfrac{14}{27}$$

となる．

(3) 逆演算子の公式 (9) より，

$$\frac{1}{D-1}(x^3+5) = (-1-D-D^2-\cdots)(x^3+5)$$
$$= -(x^3+5) - (3x^2+6x) - 6$$
$$= -x^3 - 3x^2 - 6x - 11$$

よって，

$$\frac{1}{D^2(D-1)}(x^3+5) = \frac{1}{D}\left[\frac{1}{D}\left\{\frac{1}{D-1}(x^3+5)\right\}\right]$$
$$= \int\left\{\int(-x^3-3x^2-6x-11)\,dx\right\}dx$$
$$= \int\left(-\frac{x^4}{4}-x^3-3x^2-11x\right)dx$$
$$= -\frac{x^5}{20}-\frac{1}{4}x^4-x^3-\frac{11}{2}x^2$$

となる． □

注意 2.20 このように，多項式に対しては等比級数を用いて計算すると途中以降すべての項が 0 になるので便利である．演算子 $\frac{1}{D}$ は不定積分を表すので注意しよう．

問題 2.20 次の計算をせよ．

(1) $\dfrac{1}{D+1}(x-3)$

(2) $\dfrac{1}{D^2-2D+1}x^2$

(3) $\dfrac{1}{D^2+9D}x$

やや複雑な逆演算子の計算

ここでは，やや複雑な逆演算子の計算を説明する．

微分演算子 D の多項式 $P(D)$ において，因数分解・展開は自由に行ってよい．また，D に多項式を代入してもよい．例えば，

$$P(D) = D^2 + 3D - 5$$

のとき，

$$P(D+2) = (D+2)^2 + 3(D+2) - 5$$
$$= (D^2 + 4D + 4) + (3D + 6) - 5$$
$$= D^2 + 7D + 5$$

となる．また，D の分数式 $\dfrac{R(D)}{P(D)}$ ($P(D)$, $R(D)$ は D の多項式) を

$$\frac{R(D)}{P(D)}f(x) = \frac{1}{P(D)}\{R(D)f(x)\}$$

で定義する．このとき，以下の式が成り立つ．

逆演算子の公式（続）

(10) $\dfrac{1}{P(D)}e^{ax}f(x) = e^{ax}\dfrac{1}{P(D+a)}f(x)$

(11) $\dfrac{1}{P(D)}x^m e^{ax} = \dfrac{R(D)}{R(D)P(D)}x^m e^{ax}$ ($m \geq 0$, $R(a) \neq 0$ のとき)

(12) $\dfrac{1}{P(x)} = \dfrac{Q_1(x)}{P_1(x)} + \dfrac{Q_2(x)}{P_2(x)} + \cdots + \dfrac{Q_n(x)}{P_n(x)}$ （部分分数展開）のとき，

$$\frac{1}{P(D)}f(x) = \frac{Q_1(D)}{P_1(D)}f(x) + \frac{Q_2(D)}{P_2(D)}f(x) + \cdots + \frac{Q_n(D)}{P_n(D)}f(x)$$

(13) $\dfrac{1}{a - P(D)}g(x) = \dfrac{1}{a}g(x) + \left(\dfrac{1}{a}\right)^2 P(D)g(x)$

$$+ \left(\frac{1}{a}\right)^3 P(D)^2 g(x) + \cdots$$

（$P(D)$ は定数項を含まない D の多項式，$g(x)$ は任意の多項式）

(13) は (9) を一般化したものである．以上の公式は定数 a が複素数のときも成り立つ．複素数を扱う場合は，オイラーの公式

$$e^{aix} = \cos ax + i \sin ax, \quad e^{-aix} = \cos ax - i \sin ax$$

から導かれる

(14) $\cos ax = \dfrac{e^{aix} + e^{-aix}}{2}, \quad \sin ax = \dfrac{e^{aix} - e^{-aix}}{2i}$

を用いるとよい．

2.7 演算子法

例題 2.21 逆演算子の計算 (4)

D を微分演算子とするとき，次の式を計算せよ．
$$\frac{1}{D+3}\cos x$$

【解答】

$$\frac{1}{D+3}\cos x = \frac{D-3}{(D-3)(D+3)}\cos x \quad (\text{逆演算子の公式 (11) より})$$
$$= \frac{1}{(D-3)(D+3)}\{(D-3)\cos x\}$$
$$= \frac{1}{D^2-9}(-\sin x - 3\cos x)$$
$$= \frac{1}{-1-9}(-\sin x - 3\cos x) \quad (\text{逆演算子の公式 (5), (7) より})$$
$$= \frac{1}{10}(\sin x + 3\cos x).$$

【別解】 逆演算子の公式 (14) より，

$$\frac{1}{D+3}\cos x = \frac{1}{2}\frac{1}{D+3}(e^{ix}+e^{-ix})$$
$$= \frac{1}{2}\left(\frac{1}{D+3}e^{ix}+\frac{1}{D+3}e^{-ix}\right)$$
$$= \frac{1}{2}\left(\frac{1}{i+3}e^{ix}+\frac{1}{-i+3}e^{-ix}\right) \quad (\text{逆演算子の公式 (3) より})$$
$$= \frac{1}{2}\left\{\frac{i-3}{(i-3)(i+3)}e^{ix}+\frac{i+3}{(i+3)(-i+3)}e^{-ix}\right\}$$
$$= \frac{1}{2}\left(\frac{i-3}{-10}e^{ix}+\frac{i+3}{10}e^{-ix}\right)$$
$$= \frac{1}{10}\left(\frac{c^{ix}-c^{-ix}}{2i}+3\cdot\frac{e^{ix}+e^{-ix}}{2}\right)$$
$$= \frac{1}{10}(\sin x + 3\cos x).$$

□

注意 2.21 $\cos x, \sin x$ は e^{ix} と e^{-ix} で表されるので，$\pm i - 3 \neq 0$ より逆演算子の公式 (11) が適用できる．別解において，計算途中で複素数が出てきても，最終的な答には虚数単位は含まれないことに注目しよう．

問題 2.21 D を微分演算子とするとき，次の計算をせよ．

(1) $\dfrac{1}{D-2}\sin 3x$

(2) $\dfrac{1}{D^3+1}\cos 2x$

(3) $\dfrac{1}{D^2+D+1}\sin x$

例題 2.22　逆演算子の計算 (5)

D を微分演算子とするとき，次の式を計算せよ．

(1) $\dfrac{1}{D+3}xe^{2x}$

(2) $\dfrac{1}{D^2-D+3}x^2$

【解答】(1) 逆演算子の公式 (10) で $a=2$ とすると，

$$\begin{aligned}
\frac{1}{D+3}xe^{2x} &= e^{2x}\frac{1}{(D+2)+3}x \\
&= e^{2x}\frac{1}{D+5}x \\
&= e^{2x}\left(\frac{1}{5}x - \frac{1}{25}Dx\right) \quad \text{(逆演算子の公式 (9) より)} \\
&= \frac{e^{2x}}{25}(5x-1).
\end{aligned}$$

となる．

(2) 逆演算子の公式 (13) より，

$$\begin{aligned}
\frac{1}{D^2-D+3}x^2 &= \frac{1}{3-(D-D^2)}x^2 \\
&= \frac{1}{3}x^2 + \left(\frac{1}{3}\right)^2(D-D^2)x^2 + \left(\frac{1}{3}\right)^3(D-D^2)^2 x^2 \\
&= \frac{1}{3}x^2 + \frac{1}{9}(2x-2) + \frac{1}{27}D^2 x^2 \\
&= \frac{1}{3}x^2 + \frac{1}{9}(2x-2) + \frac{1}{27}\cdot 2 \\
&= \frac{1}{3}x^2 + \frac{2}{9}x - \frac{4}{27}.
\end{aligned}$$

となる．

2.7 演算子法

注意 2.22 $\frac{1}{P(D)}f(x)$ において，$f(x)$ が重複度 2 以上の特性解 λ に対応する関数になっているとき，逆演算子の公式 (3) のように，**直接 $P(D)$ に $D = \lambda$ を代入してはならない**．逆演算子の公式 (10) を用いて指数関数をいったん外側に出してから計算すること．また，$f(x)$ が n 次の多項式の場合，逆演算子の公式 (13) で展開して得られる D の $n+1$ 次以上の項は無視してよい．上の例題 (2) では，$(D - D^2)^2 = D^2 - 2D^3 + D^4$ だが，計算する意味があるのは D^2 のみで，それより次数の高い項は書かなくてよい．

問題 2.22 D を微分演算子とするとき，次の計算をせよ．

(1) $\dfrac{1}{D+2} x^2 e^x$

(2) $\dfrac{1}{(D+1)^2} x e^{-x}$

(3) $\dfrac{1}{D^2+D+3} x^3$

(4) $\dfrac{1}{D+5} x \cos x$

例題 2.23 演算子法による微分方程式の解法

D を微分演算子とするとき，次の微分方程式を解け．
$$(D^2 - 8D + 12)y = e^{2x} + e^{4x} \sin x$$

【解答】 まず，同伴方程式 $(D^2 - 8D + 12)y = 0$ の一般解を求める．特性方程式は，
$$\lambda^2 - 8\lambda + 12 = (\lambda - 6)(\lambda - 2) = 0$$
より，特性解は $\lambda = 2,\ 6$．よって，同伴方程式の一般解は
$$y = C_1 e^{2x} + C_2 e^{6x} \quad (C_1,\ C_2 \text{ は任意定数}).$$

次に右辺の特殊解を求める．
$$\begin{aligned}
\frac{1}{(D-6)(D-2)} e^{2x} &= \frac{1}{D-2}\left(\frac{1}{D-6} e^{2x}\right) \\
&= \frac{1}{D-2}\left(\frac{1}{2-6} e^{2x}\right) \quad (\text{逆演算子の公式 (3) より}) \\
&= -\frac{1}{4} \frac{1}{D-2} e^{2x} \\
&= -\frac{1}{4} x e^{2x} \quad (\text{逆演算子の公式 (4) より}),
\end{aligned}$$

$$\frac{1}{(D-6)(D-2)}e^{4x}\sin x = e^{4x}\frac{1}{\{(D+4)-6\}\{(D+4)-2\}}\sin x$$
$$\text{（逆演算子の公式 (10) より）}$$
$$= e^{4x}\frac{1}{(D-2)(D+2)}\sin x$$
$$= e^{4x}\frac{1}{D^2-4}\sin x$$
$$= e^{4x}\frac{1}{-1-4}\sin x \quad \text{（逆演算子の公式 (7) より）}$$
$$= -\frac{1}{5}e^{4x}\sin x.$$

以上より，求める解は，

$$y = \left(-\frac{1}{4}x + C_1\right)e^{2x} - \frac{1}{5}e^{4x}\sin x + C_2 e^{6x}$$
$$(C_1, C_2 \text{ は任意定数})$$

である．

【特殊解の別の求め方】 部分分数展開 $\dfrac{1}{(D-6)(D-2)} = \dfrac{1}{4}\left(\dfrac{1}{D-6} - \dfrac{1}{D-2}\right)$ を用いて，逆演算子の公式 (12) より，

$$\frac{1}{(D-6)(D-2)}e^{2x} = \frac{1}{4}\left(\frac{1}{D-6}e^{2x} - \frac{1}{D-2}e^{2x}\right)$$
$$= \frac{1}{4}\left(\frac{1}{2-6}e^{2x} - xe^{2x}\right)$$
$$\text{（逆演算子の公式 (3), (4) より）}$$
$$= -\frac{1}{16}e^{2x} - \frac{1}{4}xe^{2x}.$$

□

注意 2.23 演算子法を用いて微分方程式を解く場合，いろいろなやり方があることを理解し，速く確実に計算できるようにしよう．上の部分分数展開を用いて求めた特殊解の項のうち $-\dfrac{1}{16}e^{2x}$ は $C_1 e^{2x}$ に吸収されるので，一般解には書かなくてもよい．

問題 2.23 D を微分演算子とするとき，次の微分方程式を解け．

(1) $(D^2+1)(D^2+4)y = \cos 2x$

(2) $(D^4-1)y = e^x + e^{-x}$

(3) $(D^2+D+3)y = x^2 + 2x - 3$

第2章　演習問題

演習 2.1 次の微分方程式を解け．（未定係数法）
(1) $y'' + y = x^4$
(2) $y'' - 2y' + 5y = e^x \cos 2x$
(3) $y'' + 4y = \sin x \cos x$
(4) $y''' - 3y'' + 3y' - y = e^x$

演習 2.2 次の微分方程式を解け．（初期値問題）
(1) $y'' + y' + y = 0, \quad y(0) = 1, \ y'(0) = -1$
(2) $y^{(4)} + y = 1, \quad y(0) = y'(0) = y''(0) = y'''(0) = 0$

演習 2.3 次の微分方程式を解け．（定数変化法）
(1) $y'' + y = \dfrac{1}{\sin x}$
(2) $x^2 y'' + 5xy' + 3y = \sin x$

演習 2.4 D を微分演算子とするとき，次の式を計算せよ．（逆演算子）

(1) $\dfrac{1}{D^2 + 3D + 1} \cos x$

(2) $\dfrac{1}{(D-2)^4} x^3 e^{2x}$

(3) $\dfrac{1}{D+3} x \sin 2x$

(4) $\dfrac{1}{D^5 - D^4 - D^3} (x+2)$

(5) $\dfrac{1}{D^2 + 6D + 10} e^{-3x} (\sin x - \cos x)$

(6) $\dfrac{1}{D+2} \dfrac{1}{e^{2x} + 1}$

(7) $\dfrac{1}{D^2 + 1} x \cos 2x$

演習 2.5 D を微分演算子とするとき，次の微分方程式を解け．（演算子法）
(1) $(D^4 + D^2 + 1)y = 0$
(2) $(D^4 - 12D^2 + 9)^2 y = 0$
(3) $(D^4 + 2D^3 - 7D^2 + 2D + 1)y = 0$
(4) $D^2(D+1)^2 y = xe^x \sin x$
(5) $(D^2 + D + 1)y = x^2 \cos x$
(6) $(D^2 + 1)^2 y = x^4 e^{-x}$

第3章 連立微分方程式

2つ以上の未知関数を含む微分方程式の組を連立微分方程式という．ここでは，未知関数が2つの場合の1階線形連立微分方程式について調べよう．そのために役立つ道具として，行列の指数関数を学ぼう．また，解の大体の様子を知るために，相図の描き方を学び，相図から解の挙動を読み取れるようになろう．

3.1 連立微分方程式とは

この章では，独立変数を t とし，t の関数を $x = x(t)$, $y = y(t)$ 等で表すことにする．また，t による微分を $x' = x'(t)$, $y' = y'(t)$ のように表す．

$f(x, y, t)$, $g(x, y, t)$ を x, y, t の式とするとき，2つの等式

$$\begin{cases} x' = f(x, y, t) \\ y' = g(x, y, t) \end{cases} \tag{3.1}$$

を同時に満たすような t の関数 $x(t)$, $y(t)$ を求めたい．(3.1) を **1階連立微分方程式** という．

例 3.1

$$\begin{cases} x' = 2y \\ y' = x + y \end{cases}$$

の解は

$$\begin{cases} x(t) = 2C_1 e^{-t} + C_2 e^{2t} \\ y(t) = -C_1 e^{-t} + C_2 e^{2t} \end{cases} \quad (C_1, C_2 \text{ は任意定数})$$

となる． □

この節では，微分演算子を用いた **連立定数係数線形微分方程式** の解法を学ぼう．変数 t による微分演算子を $D = \dfrac{d}{dt}$ と表すことにすると，連立微分方程式

3.1 連立微分方程式とは

$$\begin{cases} x' + y = 1 \\ 2x - y' = 5t \end{cases}$$

は

$$\begin{cases} Dx + y = 1 \\ 2x - Dy = 5t \end{cases}$$

と書ける．これを x, y に関する連立方程式とみなして解き，逆演算子の計算をすれば解が求められる．

> **例題 3.1　演算子法による連立微分方程式の解法**
> 微分演算子 $D = \dfrac{d}{dt}$ のとき，次の連立微分方程式を解け．
>
> $$\begin{cases} Dx + y = 1 \\ 2x - Dy = 5t \end{cases}$$

【解答】 第1式の両辺に2を掛け，第2式の両辺に D を掛けると，

$$\begin{cases} 2Dx + 2y = 2 \\ 2Dx - D^2 y = 5 \end{cases} \quad \leftarrow \text{注意 3.1 参照}$$

となる．辺々引いて

$$2y + D^2 y = -3$$

よって，

$$(D^2 + 2)y = -3$$

この微分方程式の同伴方程式 $(D^2 + 2)y = 0$ の解は特性方程式

$$\lambda^2 + 2 = 0$$

より $\lambda = \pm\sqrt{2}\,i$ （重複度1）であるから

$$y = C_1 \cos(\sqrt{2}\,t) + C_2 \sin(\sqrt{2}\,t) \quad (C_1,\ C_2 \text{ は任意定数})．$$

また，特殊解は

$$\begin{aligned}
\frac{1}{D^2 + 2}(-3) &= -3 \cdot \frac{1}{0^2 + 2} e^{0 \cdot t} \\
&= -\frac{3}{2}
\end{aligned}$$

であるから，
$$y = -\frac{3}{2} + C_1 \cos\left(\sqrt{2}\,t\right) + C_2 \sin\left(\sqrt{2}\,t\right)$$
が分かる．これを元の方程式の第 2 式に代入して，
$$\begin{aligned} 2x &= Dy + 5t \\ &= -\sqrt{2}\,C_1 \sin\left(\sqrt{2}\,t\right) + \sqrt{2}\,C_2 \cos\left(\sqrt{2}\,t\right) + 5t \end{aligned}$$
よって，
$$x = -\frac{\sqrt{2}}{2} C_1 \sin\left(\sqrt{2}\,t\right) + \frac{\sqrt{2}}{2} C_2 \cos\left(\sqrt{2}\,t\right) + \frac{5}{2} t$$
以上より，求める解は
$$\begin{cases} x = -\dfrac{\sqrt{2}}{2} C_1 \sin\left(\sqrt{2}\,t\right) + \dfrac{\sqrt{2}}{2} C_2 \cos\left(\sqrt{2}\,t\right) + \dfrac{5}{2} t \\ y = -\dfrac{3}{2} + C_1 \cos\left(\sqrt{2}\,t\right) + C_2 \sin\left(\sqrt{2}\,t\right) \end{cases} \quad (C_1,\ C_2 \text{は任意定数})$$
である．

注意 3.1 例題の方程式の第 2 式に D を掛けると，
$$D(2x - Dy) = D(5t)$$
より
$$2Dx - D^2 y = 5$$
である．右辺の $5t$ を微分して 5 を出している．

問題 3.1 次の連立微分方程式を解け．

(1) $\begin{cases} Dx - 3y = 1 \\ 4x + Dy = t + 2 \end{cases}$

(2) $\begin{cases} 3Dx + 5y = e^t \\ 3x + Dy = 1 \end{cases}$

3.2 行列の指数関数

この節では，線形連立微分方程式を解くための有力な道具として，正方行列 A の指数関数 $\exp(A) = e^A$ を定義する．

まず，e^x のテイラー展開を思い起こそう．
$$e^x = 1 + x + \frac{x^2}{2!} + \frac{x^3}{3!} + \cdots + \frac{x^n}{n!} + \cdots$$
ここで，変数 x を正方行列 A，定数項 1 を単位行列 E で置き換えた
$$e^A = E + A + \frac{A^2}{2!} + \frac{A^3}{3!} + \cdots + \frac{A^n}{n!} + \cdots \tag{3.2}$$
が**行列の指数関数**である．右辺の級数は任意の行列 A に対して収束することが知られている．また，e^A はいつでも正則行列であり，その逆行列は e^{-A} である．

次に，行列の指数関数を求めるときに役立つ公式を挙げておく．

行列の指数関数の公式 （a, b, t は実数とする）

(1) $A = \begin{bmatrix} a & 0 \\ 0 & b \end{bmatrix}$ のとき

$$e^A = \begin{bmatrix} e^a & 0 \\ 0 & e^b \end{bmatrix}, \quad e^{tA} = \begin{bmatrix} e^{at} & 0 \\ 0 & e^{bt} \end{bmatrix}$$

(2) $A = \begin{bmatrix} a & 1 \\ 0 & a \end{bmatrix}$ のとき

$$e^A = \begin{bmatrix} e^a & e^a \\ 0 & e^a \end{bmatrix}, \quad e^{tA} = \begin{bmatrix} e^{at} & te^{at} \\ 0 & e^{at} \end{bmatrix}$$

(3) $A = \begin{bmatrix} a & -b \\ b & a \end{bmatrix}$ のとき

$$e^A = e^a \begin{bmatrix} \cos b & -\sin b \\ \sin b & \cos b \end{bmatrix}, \quad e^{tA} = e^{at} \begin{bmatrix} \cos bt & -\sin bt \\ \sin bt & \cos bt \end{bmatrix}$$

(4) 正則行列 P に対して，$e^{P^{-1}AP} = P^{-1}e^A P$

一般の行列については，対角化等で (1), (2), (3) のいずれかのパターンに帰着させて考える．

例題 3.2　行列の指数関数 (1)

行列 $A = \begin{bmatrix} -1 & 3 \\ 3 & -1 \end{bmatrix}$ に対して，e^A および e^{tA} を求めよ．

【解答】　まず，A の固有値と固有ベクトルを求める．固有方程式

$$|A - \lambda E| = \begin{vmatrix} -1-\lambda & 3 \\ 3 & -1-\lambda \end{vmatrix} = \lambda^2 + 2\lambda - 8 = 0$$

これを解いて，固有値は $\lambda = 2, -4$．固有値 2 に関する固有ベクトルを $\boldsymbol{v}_1 = \begin{bmatrix} a_1 \\ a_2 \end{bmatrix}$ とおくと，

$$A\boldsymbol{v}_1 = 2\boldsymbol{v}_1$$
$$\begin{bmatrix} -1 & 3 \\ 3 & -1 \end{bmatrix} \begin{bmatrix} a_1 \\ a_2 \end{bmatrix} = 2 \begin{bmatrix} a_1 \\ a_2 \end{bmatrix}$$
$$\begin{bmatrix} -a_1 + 3a_2 \\ 3a_1 - a_2 \end{bmatrix} = \begin{bmatrix} 2a_1 \\ 2a_2 \end{bmatrix}$$

これより，$\boldsymbol{v}_1 = c \begin{bmatrix} 1 \\ 1 \end{bmatrix}$ （c は任意定数）が分かる．同様に，固有値 -4 に関する固有ベクトル $\boldsymbol{v}_2$ は $\boldsymbol{v}_2 = c \begin{bmatrix} 1 \\ -1 \end{bmatrix}$ （c は任意定数）となる．$c = 1$ として，固有ベクトルを並べた行列

$$P = \begin{bmatrix} \boldsymbol{v}_1 & \boldsymbol{v}_2 \end{bmatrix}$$
$$= \begin{bmatrix} 1 & 1 \\ 1 & -1 \end{bmatrix}$$

を定めると，P は正則で，その逆行列は

$$P^{-1} = \frac{1}{2}\begin{bmatrix} 1 & 1 \\ 1 & -1 \end{bmatrix}$$

となる．よって，A は対角化可能で，

$$P^{-1}AP = \begin{bmatrix} 2 & 0 \\ 0 & -4 \end{bmatrix}$$

である．両辺の指数関数を考えると，行列の指数関数の公式 (4) より，

$$P^{-1}e^A P = e^{P^{-1}AP}$$
$$= \begin{bmatrix} e^2 & 0 \\ 0 & e^{-4} \end{bmatrix}$$

であるから，両辺に左から P，右から P^{-1} を掛けて，

$$e^A = P\begin{bmatrix} e^2 & 0 \\ 0 & e^{-4} \end{bmatrix}P^{-1}$$
$$= \frac{1}{2}\begin{bmatrix} 1 & 1 \\ 1 & -1 \end{bmatrix}\begin{bmatrix} e^2 & 0 \\ 0 & e^{-4} \end{bmatrix}\begin{bmatrix} 1 & 1 \\ 1 & -1 \end{bmatrix}$$
$$= \frac{1}{2}\begin{bmatrix} e^2 + e^{-4} & e^2 - e^{-4} \\ e^2 - e^{-4} & e^2 + e^{-4} \end{bmatrix}$$

となる．同様にして，

$$e^{tA} = \frac{1}{2}\begin{bmatrix} e^{2t} + e^{-4t} & e^{2t} - e^{-4t} \\ e^{2t} - e^{-4t} & e^{2t} + e^{-4t} \end{bmatrix}$$

が成り立つ． □

注意 3.2 線形代数で学んだ行列の対角化を思い出そう．行列の固有値がすべて異なる場合は必ず対角化できる．

問題 3.2 次の行列 A に対して，e^A, e^{tA} を求めよ．

(1) $A = \begin{bmatrix} 4 & 1 \\ 1 & 4 \end{bmatrix}$

(2) $A = \begin{bmatrix} 3 & 6 \\ -1 & -2 \end{bmatrix}$

例題 3.3　行列の指数関数 (2)

(1) 行列 $A = \begin{bmatrix} 2 & -1 \\ 1 & 2 \end{bmatrix}$ に対して, e^A および e^{tA} を求めよ.

(2) 行列 $B = \begin{bmatrix} 1 & 2 \\ -1 & 3 \end{bmatrix}$ に対して, e^B および e^{tB} を求めよ.

【解答】 (1) 行列の指数関数の公式 (3) で $a = 2, b = 1$ の形であるので,

$$e^A = e^2 \begin{bmatrix} \cos 1 & -\sin 1 \\ \sin 1 & \cos 1 \end{bmatrix},$$

$$e^{tA} = e^{2t} \begin{bmatrix} \cos t & -\sin t \\ \sin t & \cos t \end{bmatrix}$$

となる.

(2) まず, B の固有値と固有ベクトルを求める. 固有方程式

$$|B - \lambda E| = \begin{vmatrix} 1 - \lambda & 2 \\ -1 & 3 - \lambda \end{vmatrix} = \lambda^2 - 4\lambda + 5 = 0$$

これを解いて, 固有値は $\lambda = 2 \pm i$. 固有値 $2 + i$ に関する固有ベクトルを $\boldsymbol{v}_1 = \begin{bmatrix} b_1 \\ b_2 \end{bmatrix}$ とおくと,

$$B\boldsymbol{v}_1 = (2+i)\boldsymbol{v}_1$$

$$\begin{bmatrix} 1 & 2 \\ -1 & 3 \end{bmatrix} \begin{bmatrix} b_1 \\ b_2 \end{bmatrix} = (2+i) \begin{bmatrix} b_1 \\ b_2 \end{bmatrix}$$

$$\begin{bmatrix} (-1-i)b_1 + 2b_2 \\ -b_1 + (1-i)b_2 \end{bmatrix} = \begin{bmatrix} 0 \\ 0 \end{bmatrix}$$

この連立 1 次方程式を解いて, $\boldsymbol{v}_1 = c \begin{bmatrix} 1 - i \\ 1 \end{bmatrix}$ (c は任意定数) が分かる. ここで, $c = 1$ として, 次のように $\boldsymbol{v}_1$ の実部と虚部を並べて行列 P を定める.

$$P = \begin{bmatrix} \operatorname{Re} \boldsymbol{v}_1 & \operatorname{Im} \boldsymbol{v}_1 \end{bmatrix} = \begin{bmatrix} 1 & -1 \\ 1 & 0 \end{bmatrix}$$

このとき, P は正則で,

3.2 行列の指数関数

$$P^{-1} = \begin{bmatrix} 0 & 1 \\ -1 & 1 \end{bmatrix}$$

であり,

$$P^{-1}BP = \begin{bmatrix} 2 & 1 \\ -1 & 2 \end{bmatrix}$$

となる. 行列の指数関数の公式 (2) より,

$$e^{P^{-1}BP} = e^2 \begin{bmatrix} \cos(-1) & -\sin(-1) \\ \sin(-1) & \cos(-1) \end{bmatrix} = e^2 \begin{bmatrix} \cos 1 & \sin 1 \\ -\sin 1 & \cos 1 \end{bmatrix}$$

であるから, 行列の指数関数の公式 (4) より,

$$\begin{aligned} e^B &= P e^{P^{-1}BP} P^{-1} \\ &= \begin{bmatrix} 1 & -1 \\ 1 & 0 \end{bmatrix} \cdot e^2 \begin{bmatrix} \cos 1 & \sin 1 \\ -\sin 1 & \cos 1 \end{bmatrix} \begin{bmatrix} 0 & 1 \\ -1 & 1 \end{bmatrix} \\ &= e^2 \begin{bmatrix} \cos 1 - \sin 1 & 2\sin 1 \\ -\sin 1 & \cos 1 + \sin 1 \end{bmatrix} \end{aligned}$$

となる. 同様にして,

$$e^{tB} = e^{2t} \begin{bmatrix} \cos t - \sin t & 2\sin t \\ -\sin t & \cos t + \sin t \end{bmatrix}$$

となる. □

注意 3.3 この例題では, 行列 A, B が複素固有値 $2 \pm i$ を持っている. このような場合, A の指数関数の成分として三角関数が現れる. このような行列は xy 平面における回転を表しており, これを係数とする連立微分方程式において, 解曲線が渦状になる原因である (→ 例題 3.9). (2) において, 正則行列 P の作り方に注意しよう. B の固有値 $2-i$ に対する固有ベクトル $\boldsymbol{v}_2 = \begin{bmatrix} 1+i \\ 1 \end{bmatrix}$ を用いて P を作っても, 同じ答が得られる.

問題 3.3 次の行列 A に対して, e^A, e^{tA} を求めよ.

(1) $A = \begin{bmatrix} 0 & -4 \\ 4 & 0 \end{bmatrix}$
(2) $A = \begin{bmatrix} 2 & -\dfrac{\pi}{4} \\ \dfrac{\pi}{4} & 2 \end{bmatrix}$

(3) $A = \begin{bmatrix} -4 & 8 \\ -4 & 4 \end{bmatrix}$
(4) $A = \begin{bmatrix} 6 & 3 \\ -6 & 0 \end{bmatrix}$

例題 3.4　行列の指数関数 (3)

行列 $A = \begin{bmatrix} 7 & -1 \\ 1 & 5 \end{bmatrix}$ に対して, e^A および e^{tA} を求めよ.

【解答】 固有方程式は

$$|A - \lambda E| = \begin{vmatrix} 7-\lambda & -1 \\ 1 & 5-\lambda \end{vmatrix} = \lambda^2 - 12\lambda + 36 = 0$$

$$(\lambda - 6)^2 = 0$$

となるので, 固有値は $\lambda = 6$ (重複度 2). 固有ベクトルを $\boldsymbol{v}_1 = \begin{bmatrix} a_1 \\ a_2 \end{bmatrix}$ とおくと,

$$A\boldsymbol{v}_1 = 6\boldsymbol{v}_1$$

$$\begin{bmatrix} 7 & -1 \\ 1 & 5 \end{bmatrix} \begin{bmatrix} a_1 \\ a_2 \end{bmatrix} = 6 \begin{bmatrix} a_1 \\ a_2 \end{bmatrix}$$

$$\begin{bmatrix} a_1 - a_2 \\ a_1 - a_2 \end{bmatrix} = \begin{bmatrix} 0 \\ 0 \end{bmatrix}$$

これより, $\boldsymbol{v}_1 = c \begin{bmatrix} 1 \\ 1 \end{bmatrix}$ (c は任意定数) が分かる. 次に, $c = 1$ として,

$$(A - 6E)\boldsymbol{v}_2 = \boldsymbol{v}_1$$

となるベクトル $\boldsymbol{v}_2$ を求める. $\boldsymbol{v}_2 = \begin{bmatrix} a_3 \\ a_4 \end{bmatrix}$ とおくと,

$$\begin{bmatrix} a_3 - a_4 \\ a_3 - a_4 \end{bmatrix} = \begin{bmatrix} 1 \\ 1 \end{bmatrix}$$

これを解いて, $\boldsymbol{v}_2 = \begin{bmatrix} d+1 \\ d \end{bmatrix}$ (d は任意定数). 定数 d は何でもよいので $d = 0$ として, $\boldsymbol{v}_1, \boldsymbol{v}_2$ を並べてできる行列

$$P = \begin{bmatrix} \boldsymbol{v}_1 & \boldsymbol{v}_2 \end{bmatrix} = \begin{bmatrix} 1 & 1 \\ 1 & 0 \end{bmatrix}$$

を定めると, P は正則で, その逆行列は

$$P^{-1} = \begin{bmatrix} 0 & 1 \\ 1 & -1 \end{bmatrix}$$

となる．このとき，

$$P^{-1}AP = \begin{bmatrix} 0 & 1 \\ 1 & -1 \end{bmatrix} \begin{bmatrix} 7 & -1 \\ 1 & 5 \end{bmatrix} \begin{bmatrix} 1 & 1 \\ 1 & 0 \end{bmatrix}$$
$$= \begin{bmatrix} 6 & 1 \\ 0 & 6 \end{bmatrix}$$

となる．行列の指数関数の公式 (3), (4) より，

$$e^A = Pe^{P^{-1}AP}P^{-1}$$
$$= \begin{bmatrix} 1 & 1 \\ 1 & 0 \end{bmatrix} \begin{bmatrix} e^6 & e^6 \\ 0 & e^6 \end{bmatrix} \begin{bmatrix} 0 & 1 \\ 1 & -1 \end{bmatrix}$$
$$= \begin{bmatrix} 2e^6 & -e^6 \\ e^6 & 0 \end{bmatrix}$$

となる．同様にして，

$$e^{tA} = Pe^{tP^{-1}AP}P^{-1}$$
$$= \begin{bmatrix} 1 & 1 \\ 1 & 0 \end{bmatrix} \begin{bmatrix} e^{6t} & te^{6t} \\ 0 & e^{6t} \end{bmatrix} \begin{bmatrix} 0 & 1 \\ 1 & -1 \end{bmatrix}$$
$$= \begin{bmatrix} (t+1)e^{6t} & -te^{6t} \\ te^{6t} & (1-t)e^{6t} \end{bmatrix}$$

となる． □

注意 3.4 行列 A が重複度 2 以上の固有値を持つとき，対角化できない場合がある．上の例題では，固有ベクトル v_1 が 1 次元ぶんだけなので対角化はできない．その場合，$(A - 6E)v_2 = v_1$ となるベクトル v_2 を見つけ，v_1, v_2 で P を作る．このとき，上の等式の両辺に左から $(A - 6E)$ を掛けると，

$$(A - 6E)^2 v_2 = (A - 6E)v_1 = \mathbf{0}$$

となる．このように，固有値 λ と正の整数 n に対して，$(A - \lambda E)^n v = \mathbf{0}$ となるベクトル v を A の**一般固有ベクトル**という．

問題 3.4 次の行列 A に対して，e^A, e^{tA} を求めよ．

(1) $A = \begin{bmatrix} 10 & -4 \\ 4 & 2 \end{bmatrix}$ (2) $A = \begin{bmatrix} -9 & 9 \\ -4 & 3 \end{bmatrix}$

3.3 連立微分方程式の解法

この節では，1 階連立微分方程式で**斉次線形**かつ**定数係数**のもの，すなわち，x, y を t の関数，a, b, c, d を定数として，

$$\begin{cases} x' = ax + by \\ y' = cx + dy \end{cases} \tag{3.3}$$

の形の方程式を扱うことにする．この方程式は，右辺の係数行列を $A = \begin{bmatrix} a & b \\ c & d \end{bmatrix}$ とおくと，

$$\begin{bmatrix} x' \\ y' \end{bmatrix} = A \begin{bmatrix} x \\ y \end{bmatrix} \tag{3.4}$$

と行列とベクトルの積で表せる．

行列の指数関数の定義から，実数 t と正方行列 A に対して，

$$e^{tA} = E + tA + \frac{t^2}{2!}A^2 + \frac{t^3}{3!}A^3 + \cdots + \frac{t^n}{n!}A^n + \cdots$$

が成り立つ．t について項別微分すると，

$$\begin{aligned}(e^{tA})' &= A + \frac{2t}{2!}A^2 + \frac{3t^2}{3!}A^3 + \cdots + \frac{nt^{n-1}}{n!}A^n + \cdots \\ &= A\left\{E + tA + \frac{t^2}{2!}A^2 + \cdots + \frac{t^{n-1}}{(n-1)!}A^{n-1} + \cdots\right\} \\ &= \left\{E + tA + \frac{t^2}{2!}A^2 + \cdots + \frac{t^{n-1}}{(n-1)!}A^{n-1} + \cdots\right\}A \end{aligned}$$

よって，

$$(e^{tA})' = A \cdot e^{tA} = e^{tA} \cdot A \tag{3.5}$$

が成り立つ．これは，通常の数の指数関数の微分と同様の性質であるので，連立微分方程式 (3.4) の解は，

$$\begin{bmatrix} x \\ y \end{bmatrix} = e^{tA} \begin{bmatrix} C_1 \\ C_2 \end{bmatrix}$$

で与えられる．

例題 3.5　連立微分方程式の解法 (1)

連立微分方程式 $\begin{cases} x' = -x + 3y \\ y' = 3x - y \end{cases}$ を解け.

【解答】　右辺の係数行列 $A = \begin{bmatrix} -1 & 3 \\ 3 & -1 \end{bmatrix}$ に対して，例題 3.2 で求めたように，e^{tA} は

$$e^{tA} = \frac{1}{2}\begin{bmatrix} e^{2t}+e^{-4t} & e^{2t}-e^{-4t} \\ e^{2t}-e^{-4t} & e^{2t}+e^{-4t} \end{bmatrix}$$

であるから，求める一般解は

$$\begin{bmatrix} x \\ y \end{bmatrix} = \frac{1}{2}\begin{bmatrix} e^{2t}+e^{-4t} & e^{2t}-e^{-4t} \\ e^{2t}-e^{-4t} & e^{2t}+e^{-4t} \end{bmatrix}\begin{bmatrix} C_1 \\ C_2 \end{bmatrix}$$

$$= \begin{bmatrix} C_1(e^{2t}+e^{-4t}) + C_2(e^{2t}-e^{-4t}) \\ C_1(e^{2t}-e^{-4t}) + C_2(e^{2t}+e^{-4t}) \end{bmatrix}$$

$$\left(\frac{C_1}{2}, \frac{C_2}{2} \text{ を } C_1, C_2 \text{ で置き直した}\right)$$

$$= \begin{bmatrix} (C_1+C_2)e^{2t} + (C_1-C_2)e^{-4t} \\ (C_1+C_2)e^{2t} + (-C_1+C_2)e^{-4t} \end{bmatrix}$$

$(C_1, C_2$ は任意定数$)$

となる．

【別解】　例題 3.2 の解と同様に，行列 A の固有ベクトルを並べた行列を

$$P = \begin{bmatrix} 1 & 1 \\ 1 & -1 \end{bmatrix}$$

とすると，

$$P^{-1}AP = \begin{bmatrix} 2 & 0 \\ 0 & -4 \end{bmatrix}$$

が成り立つ．ここで，

$$\begin{bmatrix} C_1' \\ C_2' \end{bmatrix} = P^{-1}\begin{bmatrix} C_1 \\ C_2 \end{bmatrix}$$

とおくと，求める解は，

$$\begin{bmatrix} x \\ y \end{bmatrix} = e^{tA} \begin{bmatrix} C_1 \\ C_2 \end{bmatrix}$$

$$= P e^{t P^{-1} A P} P^{-1} \begin{bmatrix} C_1 \\ C_2 \end{bmatrix}$$

$$= \begin{bmatrix} 1 & 1 \\ 1 & -1 \end{bmatrix} \begin{bmatrix} e^{2t} & 0 \\ 0 & e^{-4t} \end{bmatrix} \begin{bmatrix} C_1' \\ C_2' \end{bmatrix}$$

$$= \begin{bmatrix} C_1' e^{2t} + C_2' e^{-4t} \\ C_1' e^{2t} - C_2' e^{-4t} \end{bmatrix} \quad (C_1', C_2' \text{ は任意定数})$$

となる． □

注意 3.5 このように，行列の指数関数が計算できれば，連立微分方程式の解は直ちに得られる．別解の場合，P^{-1} を計算しなくて済むことに注目しよう：別解において，

$$\begin{bmatrix} C_1 \\ C_2 \end{bmatrix} = P \begin{bmatrix} C_1' \\ C_2' \end{bmatrix}$$

が成り立つので，定数 C_1', C_2' の任意の値に対応する C_1, C_2 の値が存在する．よって，C_1', C_2' は任意定数としてよい．

問題 3.5 次の連立微分方程式を解け．

(1) $\begin{cases} x' = 4x + y \\ y' = x + 4y \end{cases}$

(2) $\begin{cases} x' = 3x + 6y \\ y' = -x - 2y \end{cases}$

(3) $\begin{cases} x' = 8x - 3y \\ y' = 15x - 4y \end{cases}$

(4) $\begin{cases} x' = -7x + 9y \\ y' = -4x + 5y \end{cases}$

3.3 連立微分方程式の解法

例題 3.6 連立微分方程式の解法 (2)

連立微分方程式の初期値問題 $\begin{cases} x' = 2x - y, & x(0) = 1 \\ y' = x + 2y, & y(0) = -1 \end{cases}$ を解け.

【解答】 右辺の係数行列 $A = \begin{bmatrix} 2 & -1 \\ 1 & 2 \end{bmatrix}$ に対して, e^{tA} は例題 3.3 (1) で求めたように

$$e^{tA} = e^{2t} \begin{bmatrix} \cos t & -\sin t \\ \sin t & \cos t \end{bmatrix}$$

となるから,一般解は

$$\begin{bmatrix} x \\ y \end{bmatrix} = e^{2t} \begin{bmatrix} \cos t & -\sin t \\ \sin t & \cos t \end{bmatrix} \begin{bmatrix} C_1 \\ C_2 \end{bmatrix}$$

となる. ここで, $t = 0$ とおくと, 初期条件より,

$$\begin{bmatrix} x(0) \\ y(0) \end{bmatrix} = 1 \cdot \begin{bmatrix} 1 & 0 \\ 0 & 1 \end{bmatrix} \begin{bmatrix} C_1 \\ C_2 \end{bmatrix}$$

$$\begin{bmatrix} 1 \\ -1 \end{bmatrix} = \begin{bmatrix} C_1 \\ C_2 \end{bmatrix}$$

よって, $C_1 = 1$, $C_2 = -1$. これより, 求める解は

$$\begin{bmatrix} x \\ y \end{bmatrix} = e^{2t} \begin{bmatrix} \cos t & -\sin t \\ \sin t & \cos t \end{bmatrix} \begin{bmatrix} 1 \\ -1 \end{bmatrix}$$

$$= e^{2t} \begin{bmatrix} \cos t + \sin t \\ \sin t - \cos t \end{bmatrix}$$

となる. □

注意 3.6 1 階の連立微分方程式の場合は, 初期条件は $x(t_0)$, $y(t_0)$ の 2 つの値である (→付録 近似解と存在定理).

問題 3.6 連立微分方程式の初期値問題 $\begin{cases} x' = 4x - 2y, & x(0) = 0 \\ y' = x + y, & y(0) = 2 \end{cases}$ を解け.

3.4 連立微分方程式の解の挙動

相図

この節では，
$$\begin{cases} x' = f(x, y) \\ y' = g(x, y) \end{cases} \tag{3.6}$$

の形の連立微分方程式，すなわち，各方程式の右辺に独立変数 t を含まないような場合，方程式の解を求めなくても，解のだいたいの様子を読み取る方法を説明する．(3.6) の形の方程式を**自励系**という．

解の挙動を見るために，xy 平面を考える．そこに，以下の手順に従って，解の動きを示す曲線を書き込んでいく．これを**相図**(phase portrait) という．

1. $x' = y' = 0$ となる点 (x, y)，すなわち，連立方程式
$$\begin{cases} f(x, y) = 0 \\ g(x, y) = 0 \end{cases}$$

の解をすべて求める．解に対応する xy 平面の点を**平衡点**という．各平衡点を黒丸で記入する．平衡点 (a, b) に対して，定数関数
$$\begin{cases} x = a \\ y = b \end{cases}$$

は (3.6) の解になっている．

2. 平衡点以外の xy 平面上の各点について，傾き $\dfrac{dy}{dx}$ を求める．傾きは，媒介変数の微分法より，
$$\frac{dy}{dx} = \frac{\dfrac{dy}{dt}}{\dfrac{dx}{dt}} = \frac{y'}{x'}$$

で求められる．$x' = 0$ となる点については傾きは x 軸に垂直とする．さらに，各点の傾きに向きをつけて矢印を記入する．矢印の向きは，

$x' > 0$ のとき右向き，　$x' < 0$ のとき左向き，
$y' > 0$ のとき上向き，　$y' < 0$ のとき下向き

となるように決める．できるだけたくさんの点について矢印を記入する．

3. 矢印が**接線**になるように**曲線**を描く．これもできるだけたくさんの曲線について行なう．
4. 2.で書いた矢印を消し，曲線上に直接矢印（の向き）を記入する．

これで相図は完成である．

例 3.2 連立微分方程式
$$\begin{cases} x' = \dfrac{1}{2}x + y \\ y' = -x + \dfrac{1}{2}y \end{cases}$$
の相図は，次のようになる．

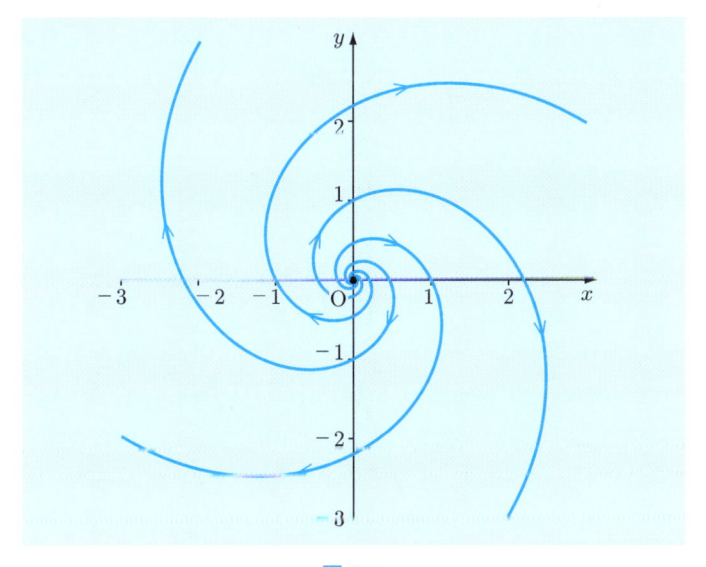

図 3.1

原点は平衡点であり，そこから無数の曲線が渦状に湧き出している．これらの曲線を**解軌道**といい，xy 平面上の 1 点を初期値とする解はその点が載っている解軌道に沿って矢印の方向に動いていく． □

以下の例題で，具体的な描き方を見てみよう．

例題 3.7　相図の描き方 (1)

連立微分方程式
$$\begin{cases} x' = x \\ y' = y \end{cases}$$
について相図を描け．

【解答】 まず平衡点を求める．$x = 0$, $y = 0$ を同時に満たす点は $(0, 0)$，すなわち原点のみである．原点に黒丸を記入する．

次に，$\dfrac{dy}{dx}$ を計算する．
$$\frac{dy}{dx} = \frac{y'}{x'} = \frac{y}{x}$$
である．$x \neq 0$ となる点において，傾きが一定の値 c となるのは，$\dfrac{y}{x} = c$ より，直線 $y = cx$ 上にあるときである．そこで，まず直線 $y = cx$ を描き，その上に傾き c の矢印を $x > 0$ のとき右向き，$x < 0$ のとき左向きになるように記入する．直線 $y = cx$ の傾きと矢印の傾きは一致するので，矢印は直線に沿って入れればよい（手順 **2**, **3**, **4** を同時に行なっている）．$c = 2$ の場合は図 3.2 のようになる．

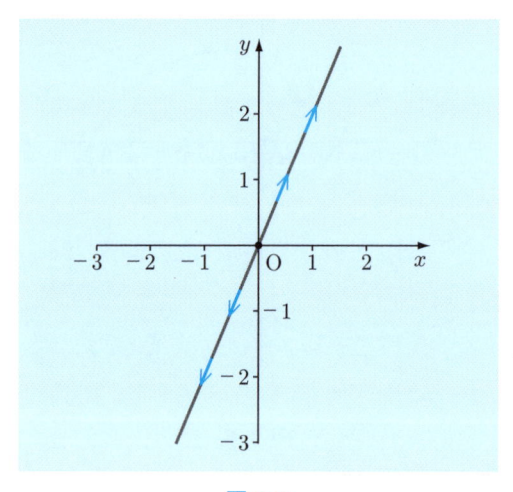

図 3.2

さらに，$c = -2, \pm 1, \pm \dfrac{1}{2}, 0$ についても同様に行い，$x = 0$ の部分，すなわち y 軸においては，$y > 0$ のとき上向き，$y < 0$ のとき下向きで，垂直に矢印を書き込む．原点は平衡点だから矢印は書かない．すると図 3.3 のようになる．

3.4 連立微分方程式の解の挙動

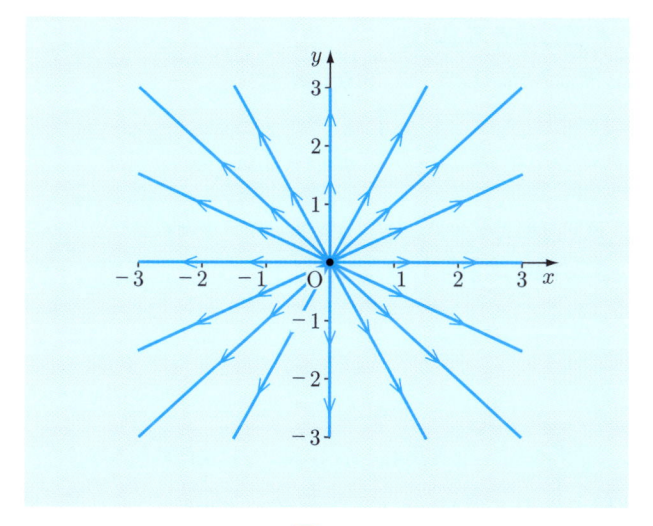

図 3.3

これが求める相図である. □

注意 3.7 例題の方程式の一般解は

$$\begin{cases} x = C_1 e^t \\ y = C_2 e^t \end{cases} \quad (C_1,\ C_2 \text{ は任意定数})$$

である. 第 1 式の両辺に C_2 を掛け, 第 2 式の両辺に C_1 を掛けると,

$$\begin{cases} C_2 x = C_2 C_1 e^t \\ C_1 y = C_1 C_2 e^t \end{cases}$$

となる. これらの式から t を消去すると, $C_1 y = C_2 x$ となり, これは xy 平面において原点を通る直線を表す. 原点の近く (この例題では平面全体) において, $t \to -\infty$ とすると点は平衡点である原点に近づく. このような平衡点を**湧点** (湧き出し点) という. 逆に, $t \to \infty$ とすると平衡点に近い任意の点が平衡点に近づくとき, その平衡点を**沈点** (沈み込み点) という.

問題 3.7 次の連立微分方程式について相図を描け.

(1) $\begin{cases} x' = 2x \\ y' = 2y \end{cases}$ (2) $\begin{cases} x' = -x \\ y' = -y \end{cases}$

例題 3.8　相図の描き方 (2)

次の連立微分方程式について相図を描け.

(1) $\begin{cases} x' = x \\ y' = 2y \end{cases}$　　(2) $\begin{cases} x' = -4x \\ y' = -2y \end{cases}$

【解答】 (1) 連立方程式 $x = 0, 2y = 0$ を解いて，平衡点は原点のみであることが分かるので，原点に黒丸を記入する.

次に $\dfrac{dy}{dx}$ を求めると，

$$\frac{dy}{dx} = \frac{2y}{x}$$

である．従って，$\dfrac{y}{x} = c$ となる点 (x, y) においては矢印の傾きは $\dfrac{2y}{x} = 2c$ である．すなわち，直線 $y = cx$ の各点において傾き $2c$ の矢印を記入すればよい．矢印の向きは例題 3.7 と同様に，$x > 0$ のとき右向き，$x < 0$ のとき左向き，$y > 0$ のとき上向き，$y < 0$ のとき下向きである．例えば，$c = 1$，すなわち直線 $y = x$ においては，図 3.4 のように傾き 2 の矢印を記入する.

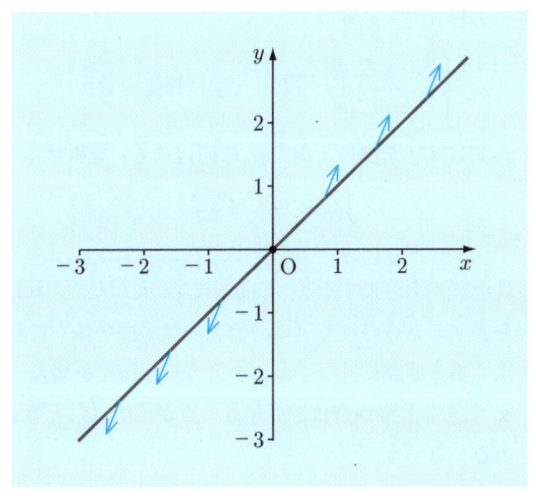

図 3.4

このようにして，平面全体に矢印を描き，その流れに沿うように曲線を描くと，図 3.5 となる.

3.4 連立微分方程式の解の挙動

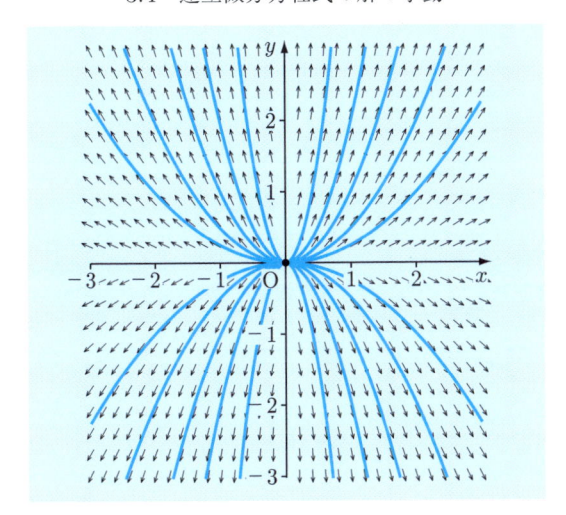

図 3.5

ここで矢印を消し，曲線上に直接矢印を記入すると，図 3.6 となる．

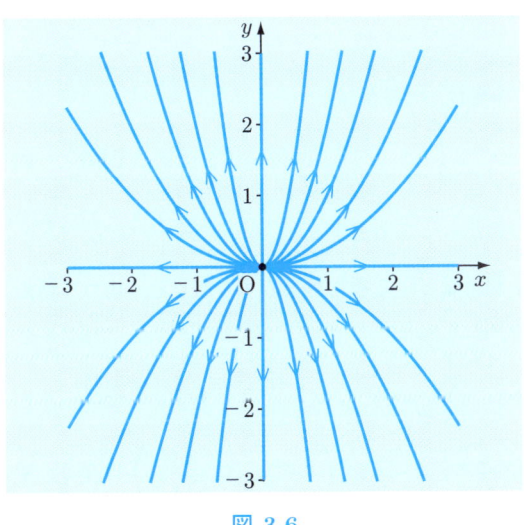

図 3.6

これが求める相図である．

(2) (1) と同様に平衡点は原点である．また，$\dfrac{y}{x} = c$ となる点 (x, y) においては矢印の傾きは $\dfrac{2y}{x} = \dfrac{c}{2}$ である．矢印の向きは，$x > 0$ のとき左向き，$x < 0$ のとき

第 3 章　連立微分方程式

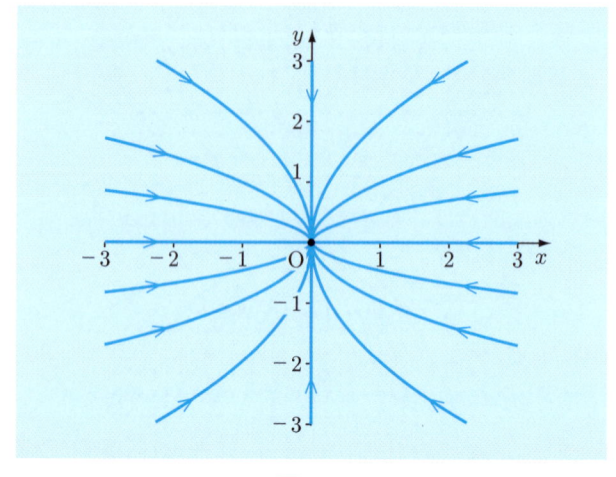

図 3.7

右向き，$y > 0$ のとき下向き，$y < 0$ のとき上向きである．以上に注意して (1) と同様に相図を描くと，図 3.7 のようになる．これが求める相図である．

注意 3.8　(1) の場合，一般解は
$$\begin{cases} x = C_1 e^t \\ y = C_2 e^{2t} \end{cases} \quad (C_1,\ C_2\ \text{は任意定数})$$
である．これらの式から t を消去すると，$y = Cx^2$ $\left(\text{ただし，} C = \dfrac{C_2}{C_1^2}\right)$ となり，原点を頂点とし，y 軸を軸とする放物線を表す．原点は平衡点（湧点）である．一方，(2) の場合，一般解は
$$\begin{cases} x = C_1 e^{-4t} \\ y = C_2 e^{-2t} \end{cases} \quad (C_1,\ C_2\ \text{は任意定数})$$
であり，t を消去すると，$x = Cy^2$ $\left(\text{ただし，} C = \dfrac{C_1}{C_2^2}\right)$ となり，原点を頂点とし，x 軸を軸とする放物線を表す．原点は平衡点（沈点）である．

問題 3.8　次の連立微分方程式について相図を描け．

(1) $\begin{cases} x' = x \\ y' = 3y \end{cases}$ 　　(2) $\begin{cases} x' = -8x \\ y' = -2y \end{cases}$

例題 3.9 　相図の描き方 (3)

次の連立微分方程式について相図を描け．

(1) $\begin{cases} x' = -y \\ y' = x \end{cases}$ 　　(2) $\begin{cases} x' = x - y \\ y' = x + y \end{cases}$

【解答】 (1) 連立方程式 $-y = 0, x = 0$ を解いて，原点が平衡点であることが分かるので，原点に黒丸を記入する．

次に $\dfrac{dy}{dx}$ を求めると，

$$\frac{dy}{dx} = -\frac{x}{y}$$

である．従って，$\dfrac{y}{x} = c$ となる点 (x, y) においては矢印の傾きは $-\dfrac{x}{y} = -\dfrac{1}{c}$ である．すなわち，直線 $y = cx$ の各点において直線と直交する矢印を記入すればよい．矢印の向きは第 1 象限，第 2 象限において $x' = -y < 0$ より左向き，第 3 象限，第 4 象限において右向きである．結局，原点中心に反時計回りの向きである．例えば，$c = 1$，すなわち直線 $y = x$ においては，図 3.8 のように傾き -1 の矢印を記入する．

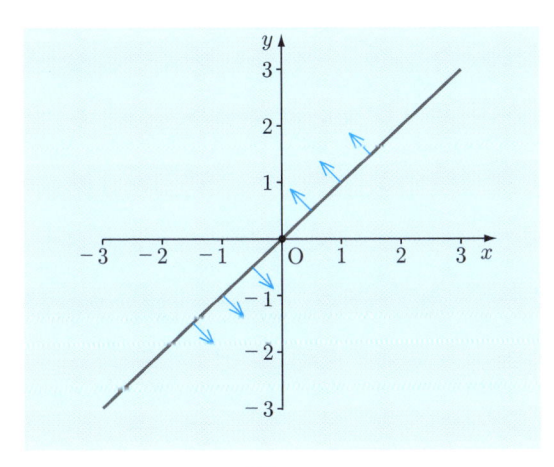

図 3.8

このようにして，平面全体に矢印を描き，その流れに沿うように曲線を描くと，図 3.9 のように，原点中心の同心円となる．

ここで矢印を消し，曲線上に直接矢印を記入すると，図 3.10 となる．これが求める相図である．

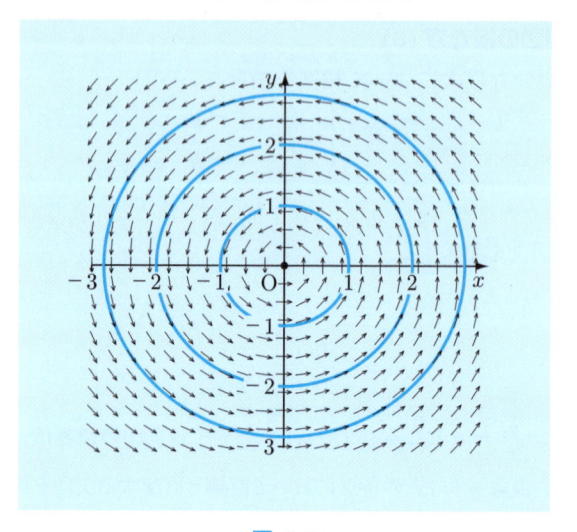

図 3.9

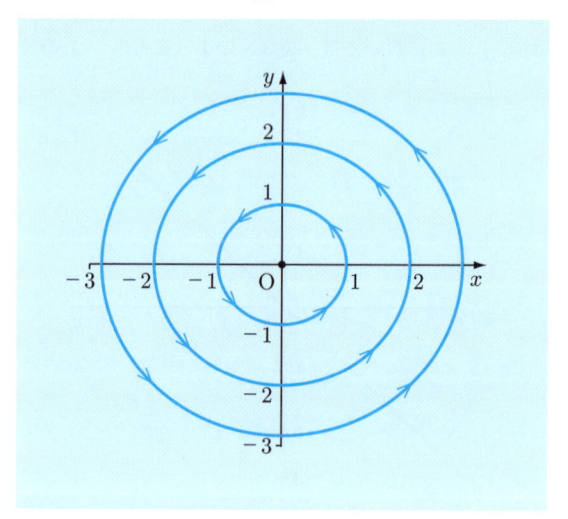

図 3.10

(2) 連立方程式 $x-y=0$, $x+y=0$ を解いて，原点が平衡点であることが分かるので黒丸を記入する．次に $\dfrac{dy}{dx}$ を求めると，$\dfrac{dy}{dx}=\dfrac{x+y}{x-y}=\dfrac{1+\dfrac{y}{x}}{1-\dfrac{y}{x}}$ である．従って，直線 $y=cx$ 上では，矢印の傾きは一定の値 $\dfrac{1+c}{1-c}=-1+\dfrac{2}{1-c}$ である．矢印の向きは，

3.4 連立微分方程式の解の挙動

第 1 象限では,$y' = x + y > 0$ より,上向き
第 2 象限では,$x' = x - y < 0$ より,左向き
第 3 象限では,$y' = x + y < 0$ より,下向き
第 4 象限では,$x' = x - y > 0$ より,右向き

となる.以上に注意して矢印と解軌道を描くと,図 3.11 となり,原点を中心に反時計回りに湧き出す様子が分かる.

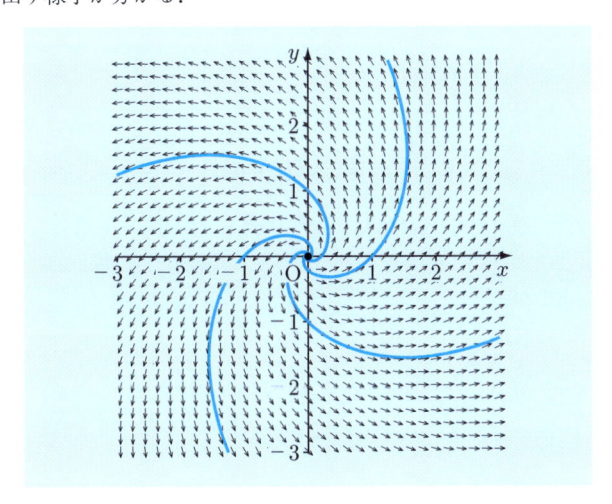

図 3.11

ここで矢印を消し,曲線上に直接矢印を記入すると,図 3.12 となる.

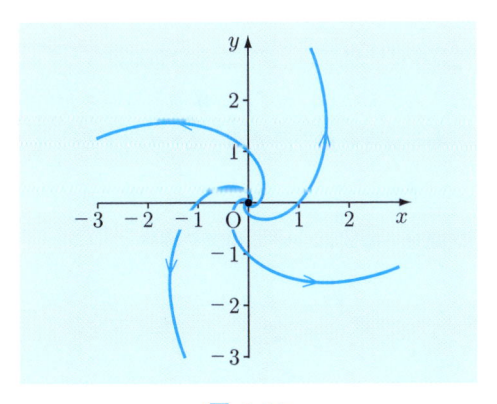

図 3.12

これが求める相図である.

注意 3.9 (1) の場合，一般解は，

$$\begin{cases} x = C_1 \sin t + C_2 \cos t \\ y = -C_1 \cos t + C_2 \sin t \end{cases} \quad (C_1, C_2 \text{ は任意定数})$$

である．ここで，$r = \sqrt{C_1^2 + C_2^2}$，α を

$$\sin \alpha = -\frac{C_1}{r}, \quad \cos \alpha = \frac{C_2}{r}$$

を満たす実数とすると，上の解は

$$\begin{cases} x = r \cos(t + \alpha) \\ y = r \sin(t + \alpha) \end{cases}$$

と変形できるので，解 $(x(t), y(t))$ は円 $x^2 + y^2 = r^2$ 上を一定速度で回転していることが分かる．このように，平衡点を中心として，解軌道が閉曲線を成している場合，中心の点を**渦心点**という．

一方，(2) の一般解は，

$$\begin{cases} x = e^t(C_1 \sin t + C_2 \cos t) \\ y = e^t(-C_1 \cos t + C_2 \sin t) \end{cases} \quad (C_1, C_2 \text{ は任意定数})$$

である．上と同様に変形すると，

$$\begin{cases} x = e^t r \cos(t + \alpha) \\ y = e^t r \sin(t + \alpha) \end{cases}$$

となる．このとき，角速度は一定だが，原点からの距離は $\sqrt{x^2 + y^2} = e^t r$ であり，t が増えると指数関数的に大きくなる．つまり，解軌道は原点から湧き出す螺旋（らせん）になっている．このように，ある点から渦の形で湧き出したり，引き込んだりするような点を**渦状点**という．

問題 3.9 次の連立微分方程式について相図を描け．

(1) $\begin{cases} x' = 2y \\ y' = -2x \end{cases}$

(2) $\begin{cases} x' = -x + y \\ y' = -x - y \end{cases}$

例題 3.10　相図の描き方 (4)

次の連立微分方程式について相図を描け．

(1) $\begin{cases} x' = x \\ y' = -y \end{cases}$　　(2) $\begin{cases} x' = -x + 3y \\ y' = 9y + 5y \end{cases}$

【解答】　(1)　前問と同様，原点が平衡点であるので黒丸を記入する．
また，$\dfrac{y}{x} = c$ となる点 (x, y) においては矢印の傾きは

$$\frac{y'}{x'} = \frac{-y}{x} = -c$$

である．x 軸と y 軸においては，矢印は軸に沿って記入する．矢印の向きは，$x > 0$ のとき右向き，$x < 0$ のとき左向き，$y > 0$ のとき下向き，$y < 0$ のとき上向きである．以上に注意して相図を描くと，図 3.13 のようになる．

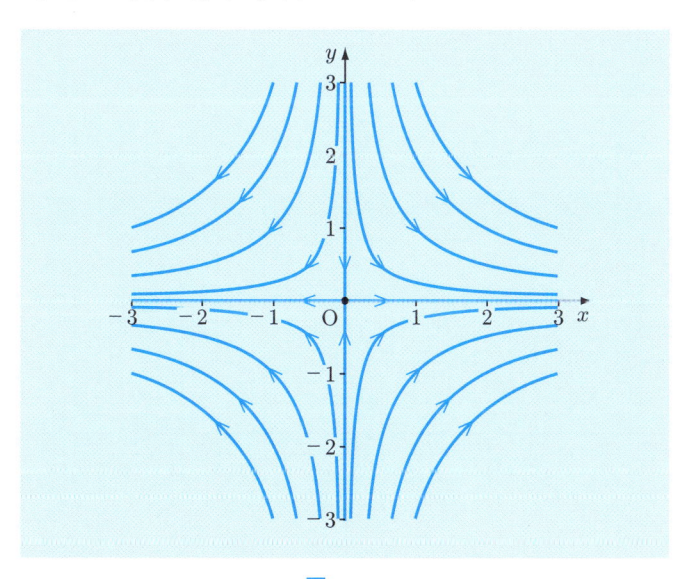

図 3.13

(2)　上と同様に，原点が平衡点である．$\dfrac{dy}{dx}$ を計算すると，

$$\frac{dy}{dx} = \frac{y'}{x'} = \frac{9x + 5y}{-x + 3y}$$

となるので，$\dfrac{dy}{dx} = c$ となるのは，

$$\frac{9x+5y}{-x+3y} = c$$
$$9x + 5y = c(-x + 3y)$$
$$(9+c)x = (-5+3c)y$$
$$\frac{y}{x} = \frac{9+c}{-5+3c}$$

のときである．特に，$\dfrac{dy}{dx} = \dfrac{y}{x}$ となるのは，

$$c = \frac{9+c}{-5+3c}$$
$$c(-5+3c) = 9+c$$
$$3c^2 - 6c - 9 = 0$$

これを解いて $c = -1, 3$. よって，2 直線 $y = -x$, $y = 3x$ 上では直線の傾きと矢印の傾きは一致する．向きに注意して，平面全体に矢印を記入すると，図 3.14 のようになる．

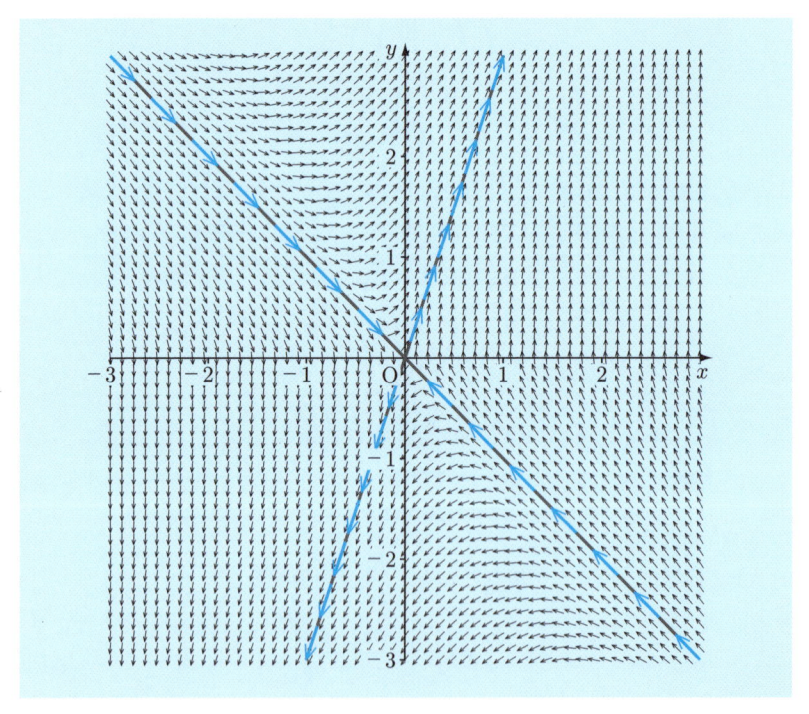

図 3.14

さらに，矢印に沿って曲線を記入する．ここで，解軌道が交わらないように注意する．
相図を完成させると，図 3.15 のようになる．

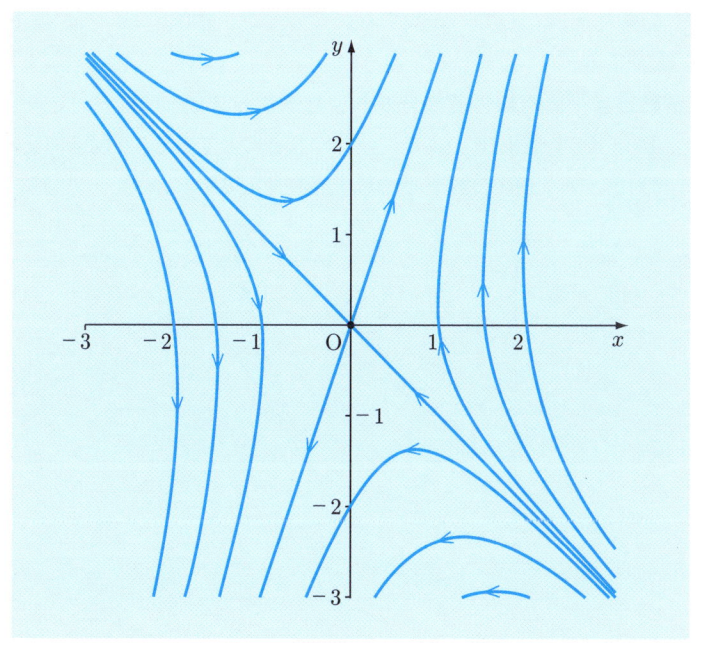

図 3.15

注意 3.10 (1) では，y 軸上では平衡点（原点）に近づき，x 軸上では平衡点から遠ざかる動きをしている．また，(2) では，直線 $y = -x$ 上では平衡点に近づき，$y = 3x$ 上では平衡点から遠ざかる動きをしている．このように，近づく曲線（直線）と遠ざかる曲線（直線）の両方を持つような平衡点を**鞍点**という．解軌道が平衡点以外で交わらない理由は，次ページで説明する．

問題 3.10 次の連立微分方程式について相図を描け．
(1) $\begin{cases} x' = -x \\ y' = 2y \end{cases}$
(2) $\begin{cases} x' = -3x - 8y \\ y' = y \end{cases}$

相図と解の延長可能性

ここでは，p.110 の自励系の連立微分方程式 (3.6) が解の存在・一意性の定理（→ 付録）の条件を満たしているとする．このとき，相図において，以下の 3 つの事柄が成立する．

(1) 解軌道は平衡点以外で枝分かれ・合流はしない

もし，点 $\mathrm{P}(a, b)$ で図 3.16 のように枝分かれしたとすると，初期条件 $x(0) = a$，$y(0) = b$ に対応する (3.6) の解が 2 つ以上存在することになり，一意性に反する．

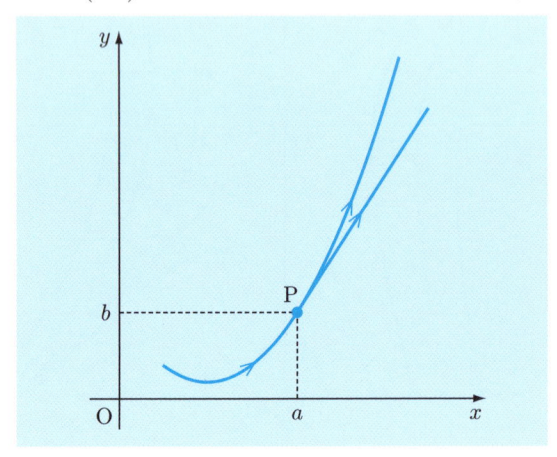

図 3.16

(2) 解軌道が平衡点を含むとき，解は $t \to \infty$ または $t \to -\infty$ まで延長できる

初期値が $\mathrm{P}(a, b)$ だとすると，P を含む解軌道が平衡点に向かっているとき，解は $t \to \infty$ まで延長でき，逆に平衡点から湧き出しているとき，$t \to -\infty$ まで延長できる．いずれの場合も，ある時点 $t = t_0$ で平衡点に達することはなく，平衡点に到達するには無限の時間を要する．ただし，P 自身が平衡点のときは，ずっと P に居続ける（定数関数）．

(3) 解軌道が閉曲線であるとき，解は $-\infty < t < \infty$ の範囲に延長できる

もし解軌道が閉曲線で，平衡点を含まなければ，解はこの閉曲線をぐるぐると永久に回り続ける．もし平衡点を含むならば，解は $t \to -\infty$ で平衡点に近づき，$t \to \infty$ でまた平衡点に近づく．つまり，解は平衡点から湧き出して，平衡点に吸い込まれる．

3.4 連立微分方程式の解の挙動

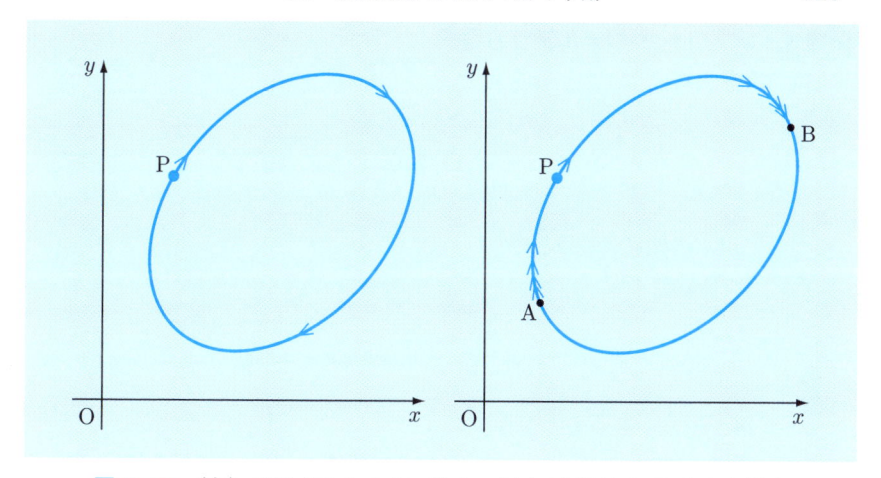

図 3.17 （左）平衡点を含まない場合，（右）平衡点 A, B を含む場合

x, y の式 $F(x, y)$ が (3.6) の任意の解 $(x(t), y(t))$ に対して

$$\frac{d}{dt}F(x(t), y(t)) \equiv 0$$

を満たすとき，$F(x, y)$ を (3.6) の**第一積分**という．このとき，任意の実数 C に対して，

$$F(x, y) = C$$

で定められる曲線は解軌道である．例えば，例題 3.9 (1) の方程式

$$\begin{cases} x' = -y \\ y' = x \end{cases}$$

において，$F(x, y) = x^2 + y^2$ とすると，

$$\begin{aligned} \frac{d}{dt}F(x(t), y(t)) &= 2xx' + 2yy' \\ &= 2x \cdot (-y) + 2yx \\ &= 0 \end{aligned}$$

より，$F(x, y)$ は第一積分である．従って，円 $x^2 + y^2 = C$ （C は $C \geq 0$ を満たす定数）は解軌道になる．

例題 3.11　ロトカ-ヴォルテラ方程式

連立微分方程式

$$\begin{cases} x' = x - xy \\ y' = -y + xy \end{cases} \quad (x \geq 0,\ y \geq 0 \text{ とする}) \tag{3.7}$$

について以下の問に答えよ．

(1) 第 1 象限 $\{(x,\ y) \mid x > 0,\ y > 0\}$ において，

$$F(x,\ y) = x + y - \log x - \log y$$

が第一積分であることを示せ．

(2) 相図を描き，$x_0 > 0$, $y_0 > 0$ なる初期値 $(x_0,\ y_0)$ に対して，(3.7) の解が $-\infty < t < \infty$ の範囲に延長できることを示せ．

【解答】　(1) (3.7) の解 $(x(t),\ y(t))$ に対して，

$$\begin{aligned}
\frac{d}{dt} F(x(t),\ y(t)) &= x'(t) + y'(t) - \{\log x(t)\}' - \{\log y(t)\}' \\
&= (x - xy) + (-y + xy) - \frac{x'(t)}{x(t)} - \frac{y'(t)}{y(t)} \\
&= x - y - \frac{x - xy}{x} - \frac{-y + xy}{y} \\
&= x - y - (1 - y) - (-1 + x) \\
&= 0.
\end{aligned}$$

よって，$F(x,\ y)$ は第一積分である．

(2) まず，平衡点を求める．連立方程式

$$\begin{cases} x - xy = 0 \\ -y + xy = 0 \end{cases}$$

において，第 1 式より，$x(1 - y) = 0$ よって，$x = 0$ または $y = 1$ である．$x = 0$ を第 2 式に代入すると，$y = 0$ が分かり，$y = 1$ を第 2 式に代入すると，$x = 1$ が分かる．以上より，平衡点は $(0,\ 0)$ と $(1,\ 1)$ の 2 点である．

第 1 象限を 2 直線 $x = 1$, $y = 1$ で 4 つの領域に区切ると，矢印の向きは $y > 1$ のとき $x' < 0$ より左向き，$y < 1$ のとき右向き，$x > 1$ のとき $y' > 0$ より上向き，$x < 1$ のとき下向きであるので，xy 平面に矢印を書き入れると，図 3.18 のようになる．

3.4 連立微分方程式の解の挙動

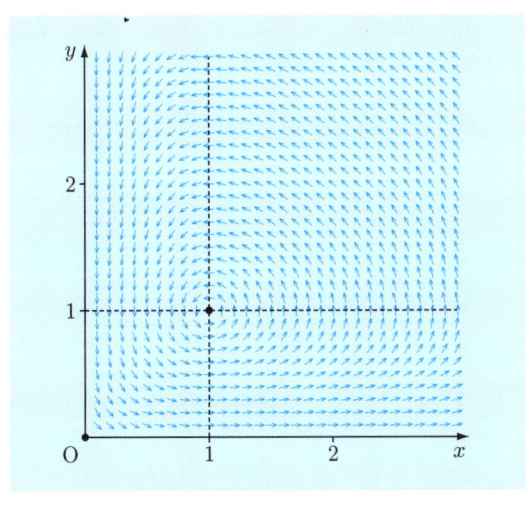

図 3.18

これより,解軌道は平衡点 (1, 1) を中心として反時計回りに動く曲線になることが分かる.次に,直線 $y = 1$ 上の $0 < x < 1$ の部分に 1 点 $P(c, 1)$ を取り,P を通る解軌道を調べる.

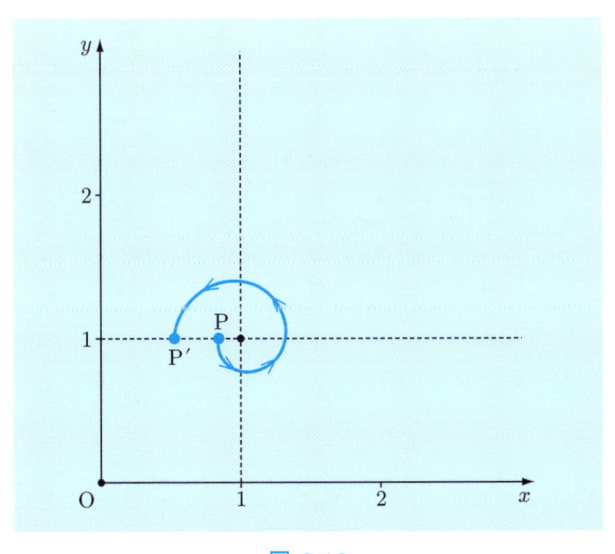

図 3.19

図 3.19 のように解軌道は平衡点 $(1, 1)$ の周りを 1 周した後に，また直線 $y = 1$ 上の $0 < x < 1$ の部分を通過する．その通過点を $P'(c', 1)$ とし，P と P' の位置関係を調べる．(1) より，$F(x, y) = x + y - \log x - \log y$ は第一積分なので，P における F の値と P' における F の値は一致しなければならない．$y = 1$ として，

$$F(x, 1) = x + 1 - \log x$$

のグラフを考えると，$0 < x < 1$ の範囲では

$$(x + 1 - \log x)' = 1 - \frac{1}{x} < 0$$

で減少関数であるから，

$$F(c, 1) = F(c', 1)$$

となるためには $c = c'$ つまり $P = P'$ とならなければならない．よって，第 1 象限では解軌道は閉曲線になり，相図は図 3.20 のようになる．

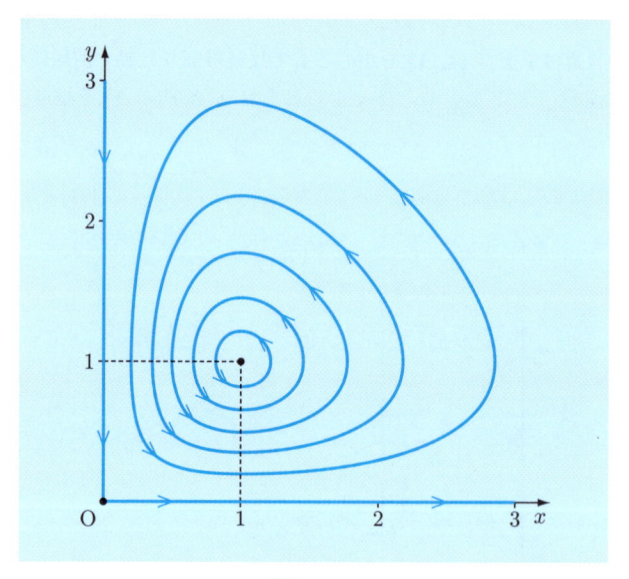

図 3.20

従って，p.124 の相図の性質 (3) より，解は $-\infty < t < \infty$ の範囲に延長できる． □

3.4 連立微分方程式の解の挙動

注意 3.11 α, β, γ, δ を正の定数として，連立微分方程式

$$\begin{cases} x' = \alpha x - \beta xy \\ y' = -\gamma y + \delta xy \end{cases}$$

を**ロトカ-ヴォルテラ方程式** (Lotka-Volterra equation) という．上の例題は $\alpha = \beta = \gamma = \delta = 1$ の場合である．この方程式は，2 種類の動物 X, Y が，食うもの (Y) と食われるもの (X) の関係にあるとき，X の個体数を x, Y の個体数を y として，時間 t による個体数の変化を記述するものである．X と Y がそれぞれ単独で存在する場合は，X の 1 頭あたりの増加率は一定の値 $\dfrac{x'}{x} = \alpha$ であるが，Y の存在により，食べられてしまう率を加味して

$$\frac{x'}{x} = \alpha - \beta y$$

とする．また，Y の増加率は単独の場合 $\dfrac{y'}{y} = -\gamma$ であるが，エサである X の存在を考慮し，

$$\frac{y'}{y} = -\gamma + \delta x$$

とする．上の例題の結論は，初期値が第 1 象限のどこであっても，両者とも絶滅することなく，個体数は一定の周期で増減を繰り返すということである．x 軸と y 軸の正の部分はそれ自身解軌道であり，相図の性質 (1) より，解軌道が第 1 象限から飛び出すことはないことに注意しよう．

問題 3.11 連立微分方程式

$$\begin{cases} x' = 4x - 2xy \\ y' = -9y + 3xy \end{cases} \quad (x \geq 0,\ y \geq 0 \text{ とする}) \tag{3.8}$$

について以下の問に答えよ．
(1) 第 1 象限において，

$$F(x,\ y) = -3x - 2y + 9\log x + 4\log y$$

が第一積分であることを示せ．
(2) 相図を描き，$x_0 > 0$, $y_0 > 0$ なる初期値 $(x_0,\ y_0)$ に対して，(3.8) の解が $-\infty < t < \infty$ の範囲に延長できることを示せ．

第3章 演習問題

演習 3.1 微分演算子 $D = \dfrac{d}{dt}$ のとき，次の連立微分方程式を解け．(演算子法)

(1) $\begin{cases} (D+4)x - 5Dy = 0 \\ -x - (2D-3)y = e^t \end{cases}$
(2) $\begin{cases} D^2 x + (D+1)y = \cos t \\ x + 2y = \sin t \end{cases}$

(3) $\begin{cases} (D^2 + 2)x + (D^2 - 2)y = t^2 \\ 3Dx + 2Dy = t \end{cases}$
(4) $\begin{cases} D^3 x + D^2 y = e^{2t} \\ D^2 x - D^3 y = e^{3t} \end{cases}$

演習 3.2 次の連立微分方程式を解け．(行列の指数関数)

(1) $\begin{cases} x' = x + 2y \\ y' = 2x - 3y \end{cases}$
(2) $\begin{cases} x' = 3x + 4y \\ y' = -5x + 2y \end{cases}$

(3) $\begin{cases} x' = ay \\ y' = x \end{cases}$ (a は実数)
(4) $\begin{cases} x' = -x + ay \\ y' = ax + y \end{cases}$ (a は実数)

演習 3.3 次の連立微分方程式について相図を描け．

(1) $\begin{cases} x' = -3 \\ y' = -3 \end{cases}$
(2) $\begin{cases} x' = 0 \\ y' = 0 \end{cases}$

(3) $\begin{cases} x' = 0 \\ y' = x - y \end{cases}$
(4) $\begin{cases} x' = y \\ y' = 0 \end{cases}$

(5) $\begin{cases} x' = 4x + 2y \\ y' = x + 3y \end{cases}$
(6) $\begin{cases} x' = x + y \\ y' = y \end{cases}$

(7) $\begin{cases} x' = 5x - 3y \\ y' = 3x - y \end{cases}$
(8) $\begin{cases} x' = 2x - 7y \\ y' = 3x - 2y \end{cases}$

(9) $\begin{cases} x' = y \\ y' = x^2 \end{cases}$
(10) $\begin{cases} x' = x^2 \\ y' = y^2 \end{cases}$

演習 3.4 連立微分方程式

$$\begin{cases} x' = 2xy \\ y' = y^2 - x^2 \end{cases}$$

について以下の問に答えよ．

(1) $x \neq 0$ のとき，
$$F(x, y) = \frac{x^2 + y^2}{x}$$
が第一積分であることを示せ．

(2) 相図を描き，$t \to \infty$ のとき $|x| + |y| \to \infty$ となるような解軌道を見つけよ．

第4章
微分方程式の級数解

微分方程式の一般解は，すでに微分積分で学んだ関数（初等関数）の組合わせで書けるものもあるが，そうでないものも多い．その場合，解を表す有力な手段となるのが級数解である．本章では級数解の求め方を学ぼう．また，エルミートの微分方程式，ベッセルの微分方程式などの重要な微分方程式の解について学ぼう．

■ 4.1 級数解とは

微分方程式の解の形が，有限個の関数の組合わせ（**閉じた形**という）ではなく，無限に続く多項式

$$y = \sum_{n=0}^{\infty} a_n x^n$$
$$= a_0 + a_1 x + a_2 x^2 + \cdots + a_n x^n + \cdots \quad (4.1)$$
$$(a_0,\ a_1,\ a_2,\ \ldots \text{ は定数})$$

のときべき**級数解**または単に**級数解**という．微分方程式に対して，通常の閉じた形の解を得るのが難しいときに，級数解による解法は有効である．また，係数 a_k を $k = 0, 1, 2, \ldots, n$ と n 次の項まで求めて得られた多項式は，元の解の近似になっており，数値計算の際に有効である．その場合，n が大きいほど，つまりたくさんの項を求めるほど解の精度がよくなる．

(4.1) の右辺の形の級数は，**項別微分**と**項別積分**が自由にできることが大きな特徴である．例えば，等比級数の和の公式

$$\frac{1}{1-x} = 1 + x + x^2 + \cdots + x^n + \cdots \quad (4.2)$$

において，左辺を微分すると，

$$\left(\frac{1}{1-x}\right)' = \frac{1}{(1-x)^2}$$

であり，右辺を項別微分すると，

$$(1)' + (x)' + (x^2)' + (x^3)' + \cdots + (x^n)' + \cdots$$
$$= 0 + 1 + 2x + 3x^2 + \cdots + nx^{n-1} + \cdots$$

となるので,
$$\frac{1}{(1-x)^2} = 1 + 2x + 3x^2 + \cdots + nx^{n-1} + \cdots$$

が成り立つ．また，(4.2) の両辺を 0 から x まで定積分することにより，
$$-\log(1-x) = x + \frac{x^2}{2} + \frac{x^3}{3} + \cdots + \frac{x^n}{n} + \cdots$$

が成り立つ．

例題 4.1　級数解の求め方

次の微分方程式の級数解を求めよ．
(1) $y' = y$ 　　　(2) $y'' = y$

【解答】(1) 微分方程式の解を
$$y = \sum_{n=0}^{\infty} a_n x^n = a_0 + a_1 x + a_2 x^2 + a_3 x^3 + \cdots + a_n x^n + \cdots \quad (4.3)$$

とおいて係数 $\{a_n\}$ を求める．

(4.3) の両辺を微分すると，
$$y' = a_1 + 2a_2 x + 3a_3 x^2 + \cdots + na_n x^{n-1} + \cdots$$

となる．$y = y'$ より，
$$a_0 + a_1 x + a_2 x^2 + \cdots + a_{n-1} x^{n-1} + a_n x^n + \cdots$$
$$= a_1 + 2a_2 x + 3a_3 x^2 + \cdots + na_n x^{n-1} + \cdots$$

が成り立ち，両辺の係数を比較すると，
$$a_0 = a_1, \quad a_1 = 2a_2, \quad a_2 = 3a_3, \quad \ldots, \quad a_{n-1} = na_n, \quad \ldots$$

となる．これより，$a_0 = C$（C は定数）とおくと，
$$a_1 = C, \quad a_2 = \frac{C}{2!}, \quad a_3 = \frac{C}{3!}, \quad \ldots, \quad a_n = \frac{C}{n!}, \quad \ldots$$

となり，求める級数解は

$$y = C + Cx + \frac{C}{2!}x^2 + \frac{C}{3!}x^3 + \cdots + \frac{C}{n!}x^n + \cdots$$
$$= C\left(1 + x + \frac{1}{2!}x^2 + \frac{1}{3!}x^3 + \cdots + \frac{1}{n!}x^n + \cdots\right)$$

となる.

(2) (1) と同様に,
$$y = a_0 + a_1 x + a_2 x^2 + a_3 x^3 + \cdots + a_n x^n + \cdots$$
とおき, 2 回項別微分すると,
$$y'' = 2a_2 + 3 \cdot 2 a_3 x + 4 \cdot 3 a_4 x^2 + \cdots + n(n-1) a_n x^{n-2} + \cdots$$
となる. 方程式 $y'' = y$ に代入すると,
$$a_0 + a_1 x + a_2 x^2 + \cdots + a_{n-2} x^{n-2} + \cdots$$
$$= 2a_2 + 3 \cdot 2 a_3 x + 4 \cdot 3 a_4 x^2 + \cdots + n(n-1) a_n x^{n-2} + \cdots$$
となり, 係数を比較すると,
$$a_n = \frac{1}{n(n-1)} a_{n-2} \quad (n = 2, 3, \ldots)$$
が成り立つ. $a_0 = C_1$, $a_1 = C_2$ とおくと,
$$a_{2n} = \frac{C_1}{2n!} \quad (n = 0, 1, \ldots), \qquad a_{2n+1} = \frac{C_2}{(2n+1)!} \quad (n = 0, 1, \ldots)$$
となるので, 求める級数解は
$$y = C_1 \left(1 + \frac{1}{2!}x^2 + \frac{1}{4!}x^4 + \cdots + \frac{1}{2n!}x^{2n} + \cdots\right)$$
$$+ C_2 \left(x + \frac{1}{3!}x^3 + \frac{1}{5!}x^5 + \cdots + \frac{1}{(2n+1)!}x^{2n+1} + \cdots\right)$$
である. □

注意 4.1 このように, 級数解は, 数列の漸化式を解くことで求められる. 例題において, 閉じた形の解は (1) $y = Ce^x$, (2) $y = C_1 \cosh x + C_2 \sinh x$ である. このように, 級数解における任意定数の個数は閉じた形の場合と同様, 微分方程式の階数と同じである.

問題 4.1 次の微分方程式の級数解を求めよ.
(1) $y' = -y$ (2) $y' = y - 1$
(3) $y'' = -y$ (4) $y'' = y + x^2$

例題 4.2　エルミートの微分方程式

n を 0 以上の整数とする．次の微分方程式の級数解を求めよ．
$$y'' - 2xy' + 2ny = 0$$

【解答】 例題 4.1 と同様に
$$y = \sum_{m=0}^{\infty} a_m x^m$$
とおき，項別微分することにより，

$$y'' = 2a_2 + 3 \cdot 2a_3 x + 4 \cdot 3a_4 x^2 + \cdots + (m+2)(m+1)a_m x^m + \cdots ,$$
$$-2xy' = -2a_1 x - 4a_2 x^2 - 6a_3 x^3 + \cdots - 2ma_m x^m + \cdots ,$$
$$2ny = 2na_0 + 2na_1 x + 2na_2 x^2 + \cdots + 2na_m x^m + \cdots$$

となり，方程式に代入して係数を比較すると，

$$2a_2 + 2na_0 = 0,$$
$$3 \cdot 2a_3 - 2a_1 + 2na_1 = 0,$$
$$4 \cdot 3a_4 - 4a_2 + 2na_2 = 0,$$
$$\cdots$$
$$(m+2)(m+1)a_{m+2} - 2ma_m + 2na_m = 0$$

すなわち，
$$a_{m+2} = \frac{2(m-n)}{(m+2)(m+1)} a_m \quad (m = 0,\ 1,\ 2, \ldots)$$

が成り立つ．これより，$a_0 = C_1$, $a_1 = C_2$ とおくと，

$$a_m = \begin{cases} \dfrac{2^{m/2}(m-2-n)(m-4-n)\cdots(-n)}{m!} C_1 & (m \text{ が偶数のとき}) \\ \dfrac{2^{(m-1)/2}(m-2-n)(m-4-n)\cdots(1-n)}{m!} C_2 & (m \text{ が奇数のとき}) \end{cases}$$

が成り立つ．以上より，求める級数解は
$$y = C_1 \varphi_1(x) + C_2 \varphi_2(x)$$

ただし，

4.1 級数解とは

$$\varphi_1(x) = 1 + \sum_{l=1}^{\infty} \frac{2^l(2l-2-n)(2l-4-n)\cdots(-n)}{2l!} x^{2l},$$

$$\varphi_2(x) = x + \sum_{l=1}^{\infty} \frac{2^l(2l-1-n)(2l-3-n)\cdots(1-n)}{(2l+1)!} x^{2l+1}$$

である. □

注意 4.2 例題の微分方程式を**エルミート (Hermite) の微分方程式**という. 上で求めたエルミートの微分方程式の基本解 $\varphi_1(x)$, $\varphi_2(x)$ において, n が偶数のときは x^{2l} (ただし $2l > n$) の係数において $(2l-2-n)(2l-4-n)\cdots(-n) = 0$ となるので, $\varphi_1(x)$ は n 次の多項式である. また, n が奇数のときは x^{2l+1} (ただし $2l+1 > n$) の係数において $(2l-1-n)(2l-3-n)\cdots(1-n) = 0$ となるので, $\varphi_2(x)$ は n 次の多項式である. このように, エルミートの微分方程式は n 次の多項式の解を持つ. この n 次多項式を定数倍して, x^n の係数を 1 となるようにしたものを n 次の**エルミート多項式**といい, $H_n(x) = (-1)^n e^{x^2} (\frac{d}{dx})^n e^{-x^2}$ で表す.

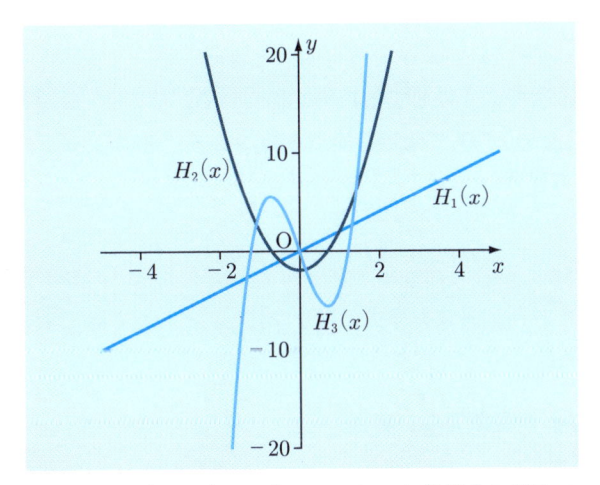

図 4.1 1次, 2次, 3次のエルミート多項式のグラフ

問題 4.2 n を 0 以上の整数とする. 次の微分方程式 (**チェビシェフ (Chebyshev) の微分方程式**) の級数解を求め, すべての解が多項式であることを確かめよ.

$$(1-x^2)y'' - xy' + n^2 y = 0$$

4.2 確定特異点を持つ微分方程式

この節では 2 階線形微分方程式

$$y'' + P(x)y' + Q(x)y = 0 \tag{4.4}$$

を考える．もし，$P(x)$, $Q(x)$ の少なくとも一方が $x = 0$ で解析的でない場合，つまり，テイラー展開

$$P(x) = p_0 + p_1 x + p_2 x^2 + \cdots,$$
$$Q(x) = q_0 + q_1 x + q_2 x^2 + \cdots$$

ができない場合，方程式 (4.4) は $x = 0$ で**特異点**を持つという．方程式が特異点を持つ場合，前節のようなべき級数解が得られない可能性がある．そのような場合でも，

$$P(x) = \frac{p(x)}{x} \quad \text{かつ} \quad Q(x) = \frac{q(x)}{x^2}$$

ただし，$p(x)$, $q(x)$ は $x = 0$ で解析的，と書ける場合，特異点 $x = 0$ を**確定特異点**といい，次のようにして級数解が得られる．

方程式 (4.4) が $x = 0$ で確定特異点を持つとき，適当な ρ と $p(0), q(0)$ についての 2 次方程式

$$\rho(\rho - 1) + p(0)\rho + q(0) = 0$$

を**決定方程式**という．決定方程式の解を ρ_1, ρ_2 としたとき，次の 2 つの場合に分けて考える．

(i) $\boldsymbol{\rho_1 - \rho_2}$ **が整数でない場合**

(4.4) の基本解は

$$y_1(x) = x^{\rho_1}(a_0 + a_1 x + a_2 x^2 + \cdots),$$
$$y_2(x) = x^{\rho_2}(b_0 + b_1 x + b_2 x^2 + \cdots)$$

の形になる．

(ii) $\rho_1 - \rho_2$ が整数（ただし, $\rho_1 \geq \rho_2$）の場合

(4.4) の基本解は

$$y_1(x) = x^{\rho_1}(a_0 + a_1 x + a_2 x^2 + \cdots),$$
$$y_2(x) = k \cdot y_1(x) \log x + x^{\rho_2}(b_0 + b_1 x + b_2 x^2 + \cdots) \quad (k \text{ は定数})$$

の形になる.

例題 4.3　ベッセルの微分方程式

定数 α に対して, 次の微分方程式を考える.

$$x^2 y'' + xy' + (x^2 - \alpha^2)y = 0$$

(1) $\alpha = 0$ のとき, 級数解を求めよ.
(2) $\alpha = \frac{1}{2}$ のとき, 級数解を求めよ.

【解答】(1) 方程式の両辺を x^2 で割ると,

$$y'' + \frac{1}{x} y' + \frac{x^2}{x^2} y = 0$$

である. 方程式の係数の分子を $p(x) = 1$, $q(x) = x^2$ とおくと, これらは解析的であり, $\frac{1}{x}$ は $x = 0$ で解析的でないから, 方程式は $x = 0$ で確定特異点を持つことが分かる. 決定方程式は

$$\rho(\rho - 1) + p(0)\rho - q(0) = \rho^2 = 0$$

である. これを解いて, $\rho = 0$（重解）. 2 つの解の差は 0 だから整数である. よって,

$$y_1 = a_0 + a_1 x + a_2 x^2 + \cdots + a_n x^n + \cdots$$
$$y_2 = k y_1 \log x + b_0 + b_1 x + b_2 x^2 + \cdots + b_n x^n + \cdots$$

とおいて級数解を求める. y_1 については, 項別微分を用いて,

$$x^2 y_1'' = 2a_2 x^2 + 3 \cdot 2a_3 x^3 + 4 \cdot 3 a_4 x^4 + \cdots + (n+2)(n+1)a_{n+2} x^{n+2} + \cdots,$$
$$xy' = a_1 x + 2a_2 x^2 + 3a_3 x^3 + \cdots + na_n x^n + \cdots,$$
$$x^2 y = a_0 x^2 + a_1 x^3 + a_2 x^4 + \cdots + a_n x^{n+2} + \cdots$$

となり, 方程式に代入して係数を比較すると,

$$a_1 = 0$$
$$2a_2 + 2a_2 + a_0 = 0,$$
$$3 \cdot 2a_3 + 3a_3 + a_1 = 0,$$
$$\cdots$$
$$(n+2)(n+1)a_{n+2} + (n+2)a_{n+2} + a_n = 0$$

すなわち,
$$a_1 = 0, \quad a_{n+2} = -\frac{1}{(n+2)^2}a_n \quad (n = 0,\ 1,\ 2,\ldots)$$
が成り立つ. これより, $a_0 = C_1$ とおくと,
$$a_{2n} = \frac{(-1)^n C_1}{\{2 \cdot 4 \cdot 6 \cdots (2n-2) \cdot 2n\}^2} \quad (n = 0,\ 1,\ldots)$$
$$a_{2n+1} = 0 \quad (n = 0,\ 1,\ldots)$$
であるので,
$$y_1 = C_1 + \sum_{n=1}^{\infty} \frac{(-1)^n C_1}{\{2 \cdot 4 \cdot 6 \cdots (2n-2) \cdot 2n\}^2} x^{2n}$$
$$= C_1 \sum_{n=0}^{\infty} \frac{(-1)^n}{2^{2n} \cdot (n!)^2} x^{2n}$$
が分かった. これより, 特に $C_1 = 1$ のとき,
$$xy_1' = \sum_{n=1}^{\infty} \frac{(-1)^n \cdot 2n}{2^{2n} \cdot (n!)^2} x^{2n}$$
$$= \sum_{n=1}^{\infty} \frac{(-1)^n n}{2^{2n-1} \cdot (n!)^2} x^{2n} \tag{4.5}$$
である.

次に y_2 を求める.
$$y_2 = k y_1 \log x + b_0 + b_1 x + b_2 x^2 + \cdots + b_n x^n + \cdots \quad (k\ \text{は定数})$$
とおくと, 積の微分法とライプニッツの公式より,
$$y_2' = k y_1' \log x + \underline{k y_1 \cdot \frac{1}{x}} + b_1 + 2b_2 x + \cdots + n b_n x^{n-1} + \cdots$$
<u>積の微分法</u>
$$y_2'' = k y_1'' \log x + \underline{2k y_1' \cdot \frac{1}{x} - k y_1 \cdot \frac{1}{x^2}} + 2b_2 + 3 \cdot 2 b_3 x + \cdots$$
<u>ライプニッツの公式</u>
$$+ n(n-1) b_n x^{n-2} + \cdots$$

4.2 確定特異点を持つ微分方程式

であるから,もとの方程式に代入して,

$$\begin{aligned}
& x^2 y_2'' + xy_2' + x^2 y_2 \\
&= k(x^2 y_1'' + xy_1' + x^2 y_1)\log x + 2kxy_1' - dy_1 + ky_1 \\
&\quad + x^2(2b_2 + 3\cdot 2b_3 x + \cdots + n(n-1)b_n x^{n-2} + \cdots) \\
&\quad + x(b_1 + 2b_2 x + \cdots + nb_n x^{n-1} + \cdots) \\
&\quad + x^2(b_0 + b_1 x + b_2 x^2 + \cdots + b_n x^n + \cdots) \\
&= 2kxy_1' + (b_1 x + 2^2 b_2 x^2 + 3^2\cdot 2b_3 x^3 + \cdots + n^2 b_n x^n + \cdots) \\
&\quad + (b_0 x^2 + b_1 x^3 + b_2 x^4 + \cdots + b_n x^{n+2} + \cdots)
\end{aligned}$$

となる. (4.5) を用いて係数を比較すると,

$$b_1 = 0,$$
$$\frac{(-1)^n n \cdot 2k}{2^{2n-1}\cdot (n!)^2} + (2n)^2 b_{2n} + b_{2n-2} = 0,$$
$$(2n+1)^2 b_{2n+1} + b_{2n-1} = 0 \quad (n=1,\,2,\,\ldots)$$

となるので,

$$\begin{aligned}
& b_1 = b_3 = \cdots = b_{2n+1} = \cdots = 0, \\
b_{2n} &= -\frac{(-1)^n nk}{2^{2n-2}\cdot (n!)^2 (2n)^2} - \frac{b_{2n-2}}{(2n)^2} \\
&= -\frac{(-1)^n nk}{2^{2n-2}\cdot (n!)^2 (2n)^2} + \frac{(-1)^{n-1}(n-1)k}{2^{2n-4}\cdot \{(n-1)!\}^2 (2n)^2 (2n-2)^2} \\
&\quad + \frac{b_{2n-4}}{(2n)^2 (2n-2)^2} \\
&= \cdots \\
&= -\frac{(-1)^n k}{2^{2n}\cdot (n!)^2}\left(\frac{1}{n} + \frac{1}{n-1} + \cdots + \frac{1}{2} + 1\right) + \frac{(-1)^n b_0}{2^{2n}(n!)^2}
\end{aligned}$$

が分かる. これより,

$$y_2 = ky_1 \log x + \sum_{n=0}^{\infty}\left\{-\frac{(-1)^n k}{2^{2n}\cdot (n!)^2}\left(1 + \frac{1}{2} + \frac{1}{3} + \cdots + \frac{1}{n}\right) + \frac{(-1)^n b_0}{2^{2n}(n!)^2}\right\} x^{2n}$$

となるが,b_0 を含む項は y_1 と同じ形をしているので $b_0 = 0$ として差し支えない. $k = C_2$ とおくと,

$$y_2 = C_2\left\{y_1 \log x - \sum_{n=0}^{\infty} \frac{(-1)^n}{2^{2n}\cdot (n!)^2}\left(1 + \frac{1}{2} + \frac{1}{3} + \cdots + \frac{1}{n}\right) x^{2n}\right\}$$

となる．以上より，求める級数解は，

$$y = C_1 \sum_{n=0}^{\infty} \frac{(-1)^n}{2^{2n} \cdot (n!)^2} x^{2n} + C_2 \left\{ (\log x) \sum_{n=0}^{\infty} \frac{(-1)^n}{2^{2n} \cdot (n!)^2} x^{2n} \right.$$

$$\left. - \sum_{n=0}^{\infty} \frac{(-1)^n}{2^{2n} \cdot (n!)^2} \left(1 + \frac{1}{2} + \frac{1}{3} + \cdots + \frac{1}{n}\right) x^{2n} \right\}$$

$$(C_1, C_2 \text{ は任意定数})$$

となる．

(2) 方程式の両辺を x^2 で割ると，

$$y'' + \frac{1}{x} y' + \frac{x^2 - \left(\frac{1}{2}\right)^2}{x^2} y = 0$$

である．方程式の係数の分子を

$$p(x) = 1, \quad q(x) = x^2 - \left(\frac{1}{2}\right)^2$$

とおくと，これらは解析的であり，$\dfrac{1}{x}$, $\dfrac{x^2 - \left(\frac{1}{2}\right)^2}{x^2}$ は $x = 0$ で解析的でないから，方程式は $x = 0$ で確定特異点を持つことがわかる．決定方程式は

$$\rho(\rho - 1) + p(0)\rho - q(0) = \rho^2 - \frac{1}{4} = 0$$

である．これを解いて，$\rho = \pm \dfrac{1}{2}$．2 つの解の差は 1 だから整数である．よって，

$$y_1 = x^{1/2}(a_0 + a_1 x + a_2 x^2 + \cdots + a_n x^n + \cdots)$$
$$y_2 = k y_1 \log x + x^{-1/2}(b_0 + b_1 x + b_2 x^2 + \cdots + b_n x^n + \cdots)$$

とおいて級数解を求める．まず，y_1 を求める．項別微分により，

$$y_1 = a_0 x^{1/2} + a_1 x^{3/2} + a_2 x^{5/2} + \cdots + a_n x^{n+(1/2)} + \cdots,$$
$$y_1' = \frac{1}{2} a_0 x^{-1/2} + \frac{3}{2} a_1 x^{1/2} + \frac{5}{2} a_2 x^{3/2} + \cdots + \left(n + \frac{1}{2}\right) a_n x^{n-(1/2)} + \cdots,$$
$$y_1'' = \frac{1}{2} \cdot \left(-\frac{1}{2}\right) a_0 x^{-3/2} + \frac{3}{2} \cdot \frac{1}{2} a_1 x^{-1/2} + \cdots$$
$$\quad + \left(n + \frac{1}{2}\right)\left(n - \frac{1}{2}\right) a_n x^{n-(3/2)} + \cdots$$

これらを方程式に代入して，

4.2 確定特異点を持つ微分方程式

$$x^2 y_1'' + x y_1' + \left\{ x^2 - \left(\frac{1}{2}\right)^2 \right\} y_1$$
$$= \frac{1}{2} \cdot \left(-\frac{1}{2}\right) a_0 x^{1/2} + \frac{3}{2} \cdot \frac{1}{2} a_1 x^{3/2} + \cdots$$
$$+ \left(n + \frac{1}{2}\right)\left(n - \frac{1}{2}\right) a_n x^{n+(1/2)} + \cdots$$
$$+ \frac{1}{2} a_0 x^{1/2} + \frac{3}{2} a_1 x^{3/2} + \frac{5}{2} a_2 x^{5/2} + \cdots + \left(n + \frac{1}{2}\right) a_n x^{n+(1/2)} + \cdots$$
$$- \frac{1}{4} a_0 x^{1/2} - \frac{1}{4} a_1 x^{3/2} + \left(a_0 - \frac{1}{4} a_2\right) x^{5/2} + \cdots$$
$$+ \left(a_{n-2} - \frac{1}{4} a_n\right) x^{n+(1/2)} + \cdots$$

となるので，係数を比較して，

$$\left(-\frac{1}{4} + \frac{1}{2} - \frac{1}{4}\right) a_0 = 0,$$
$$\left(\frac{3 \cdot 1}{4} + \frac{3}{2} - \frac{1}{4}\right) a_1 = 0,$$
$$\left(\frac{5 \cdot 3}{4} + \frac{5}{2} - \frac{1}{4}\right) a_2 + a_0 = 0,$$
$$\cdots$$
$$\left\{ \left(n + \frac{1}{2}\right)\left(n - \frac{1}{2}\right) + \left(n + \frac{1}{2}\right) - \frac{1}{4} \right\} a_n + a_{n-2} = 0$$

となる．整理すると，

$$0 \cdot a_0 = 0,$$
$$2 a_1 = 0,$$
$$(n^2 + n) a_n + a_{n-2} = 0 \quad (n = 2, 3, \ldots)$$

この漸化式を解いて，

$$a_0 \text{ は 不定},$$
$$a_1 = 0,$$
$$a_{2n} = \frac{(-1)^n a_0}{(2n+1)!},$$
$$a_{2n+1} = 0 \quad (n = 1, 2, \ldots)$$

これより，$a_0 = C_1$ とおくと，

$$y_1 = C_1 x^{1/2} \sum_{n=0}^{\infty} \frac{(-1)^n}{(2n+1)!} x^{2n}$$

が得られる. これより, 特に $C_1 = 1$ のとき,

$$xy_1' = \sum_{n=0}^{\infty} \frac{(-1)^n \left(2n + \frac{1}{2}\right)}{(2n+1)!} x^{2n+(1/2)} \tag{4.6}$$

が成り立つ.

次に, y_2 を求める.

$$\begin{aligned}y_2 &= ky_1 \log x + x^{-1/2}(b_0 + b_1 x + b_2 x^2 + \cdots + b_n x^n + \cdots) \\ &= ky_1 \log x + b_0 x^{-1/2} + b_1 x^{1/2} + b_2 x^{3/2} \cdots + b_n x^{n-(1/2)} + \cdots\end{aligned}$$

とおくと,

$$\begin{aligned}y_2' =\ & ky_1' \log x + ky_1 \cdot \frac{1}{x} - \frac{1}{2} b_0 x^{-3/2} + \frac{1}{2} b_1 x^{-1/2} + \frac{3}{2} b_2 x^{1/2} \cdots \\ & + \left(n - \frac{1}{2}\right) b_n x^{n-(3/2)} + \cdots \\ y_2'' =\ & ky_1'' \log x + 2ky_1' \cdot \frac{1}{x} - ky_1 \cdot \frac{1}{x^2} - \frac{1}{2} \cdot \left(-\frac{3}{2}\right) b_0 x^{-5/2} \\ & + \frac{1}{2} \cdot \left(-\frac{1}{2}\right) b_1 x^{-3/2} + \frac{3}{2} \cdot \frac{1}{2} b_2 x^{-1/2} \cdots \\ & + \left(n - \frac{1}{2}\right)\left(n - \frac{3}{2}\right) b_n x^{n-(5/2)} + \cdots\end{aligned}$$

これを元の方程式に代入して,

$$\begin{aligned}& x^2 y_2'' + xy_2' + \left\{x^2 - \left(\frac{1}{2}\right)^2\right\} y_2 \\ =\ & k \left[x^2 y_1'' + xy_1' + \left\{x^2 - \left(\frac{1}{2}\right)^2\right\} y_1 \right] \log x \\ & + 2kxy_1' - ky_1 + ky_1 - \frac{1}{2} \cdot \left(-\frac{3}{2}\right) b_0 x^{-1/2} + \frac{1}{2} \cdot \left(-\frac{1}{2}\right) b_1 x^{1/2} \\ & + \frac{3}{2} \cdot \frac{1}{2} b_2 x^{3/2} \cdots + \left(n - \frac{1}{2}\right)\left(n - \frac{3}{2}\right) b_n x^{n-(1/2)} + \cdots \\ & - \frac{1}{2} b_0 x^{-1/2} + \frac{1}{2} b_1 x^{1/2} + \frac{3}{2} b_2 x^{3/2} \cdots + \left(n - \frac{1}{2}\right) b_n x^{n-(1/2)} + \cdots \\ & - \frac{1}{4} b_0 x^{-1/2} - \frac{1}{4} b_1 x^{1/2} - \frac{1}{4} b_2 x^{3/2} \cdots - \frac{1}{4} b_n x^{n-(1/2)} - \cdots \\ & + b_0 x^{3/2} + b_1 x^{5/2} + b_2 x^{7/2} \cdots + b_n x^{n+(3/2)} + \cdots\end{aligned}$$

4.2 確定特異点を持つ微分方程式

$$= 2kxy_1' + \left\{-\frac{1}{2}\cdot\left(-\frac{3}{2}\right) - \frac{1}{2} - \frac{1}{4}\right\}b_0 x^{-1/2}$$
$$+ \left\{\frac{1}{2}\cdot\left(-\frac{1}{2}\right) + \frac{1}{2} - \frac{1}{4}\right\}b_1 x^{1/2}$$
$$+ \left[\left\{\frac{3}{2}\cdot\frac{1}{2} + \frac{3}{2} - \frac{1}{4} + 1\right\}b_2 + b_0\right]x^{3/2}$$
$$+ \cdots$$
$$+ \left[\left\{\left(n-\frac{1}{2}\right)\left(n-\frac{3}{2}\right) + \left(n-\frac{1}{2}\right) - \frac{1}{4}\right\}b_n + b_{n-2}\right]x^{n-(1/2)} + \cdots$$

(4.6) を用いて, $x^{-1/2}$, $x^{1/2}$ の係数を比較すると,

$$0\cdot b_0 = 0,$$
$$k + 0\cdot b_1 = 0$$

より, b_0, b_1 は任意, かつ $k = 0$ が分かる. $x^{3/2}$ 以上の項の係数については,

$$\left\{\left(n-\frac{1}{2}\right)\left(n-\frac{3}{2}\right) + \left(n-\frac{1}{2}\right) - \frac{1}{4}\right\}b_n + b_{n-2} = 0$$

が成り立つ. この漸化式を解いて,

$$b_{2n} = \frac{(-1)^n}{2n!}b_0,$$
$$b_{2n+1} = \frac{(-1)^n}{(2n+1)!}b_1 \quad (n = 1, 2, \ldots)$$

が得られる. よって y_2 は

$$y_2 = x^{-1/2}\sum_{n=0}^{\infty}\left\{\frac{(-1)^n}{2n!}b_0 x^{2n} + \frac{(-1)^n}{(2n+1)!}b_1 x^{2n+1}\right\}$$

となるが, b_1 を含む項は y_1 と同じ形なので $b_1 = 0$ として差し支えない. さらに $b_0 = C_2$ とおくと,

$$y_2 = C_2 x^{-1/2}\sum_{n=0}^{\infty}\frac{(-1)^n}{2n!}x^{2n}$$

となる. 以上より, 求める級数解は

$$y = C_1 x^{1/2}\sum_{n=0}^{\infty}\frac{(-1)^n}{(2n+1)!}x^{2n} + C_2 x^{-1/2}\sum_{n=0}^{\infty}\frac{(-1)^n}{2n!}x^{2n} \quad (C_1, C_2 \text{ は任意定数})$$

となる. □

注意 4.3 例題の微分方程式をベッセル (Bessel) の微分方程式という．(1) において求めた 2 つの基本解のうち，

$$J_0(x) = \sum_{n=0}^{\infty} \frac{(-1)^n}{2^{2n} \cdot (n!)^2} x^{2n}$$

を**第 1 種 0 次ベッセル関数**，

$$Y_0(x) = (\log x) \sum_{n=0}^{\infty} \frac{(-1)^n}{2^{2n} \cdot (n!)^2} x^{2n} - \sum_{n=0}^{\infty} \frac{(-1)^n}{2^{2n} \cdot (n!)^2} \left(1 + \frac{1}{2} + \frac{1}{3} + \cdots + \frac{1}{n}\right) x^{2n}$$

を**第 2 種 0 次ベッセル関数**という．ベッセルの微分方程式，およびその解であるベッセル関数は物理学でよく現れる．

(1) の場合は決定方程式の解の差が整数であり，$\log x$ を含む項が出現するが，(2) のように，決定方程式の解の差が整数だからといって，$\log x$ を含む項が現れるとは限らないことに注意しよう．(2) の閉じた形の解は

$$y = \frac{1}{\sqrt{x}}(C_1 \sin x + C_2 \cos x)$$

である．

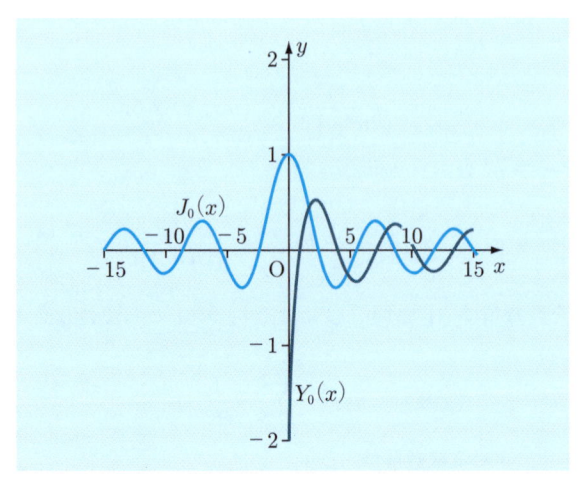

図 4.2 　0 次ベッセル関数のグラフ

問題 4.3 $\alpha = 1$ に対するベッセルの微分方程式の級数解を求めよ．

第 4 章　演習問題

■ 演習 **4.1** 次の微分方程式について，$y = a_0 + a_1 x + a_2 x^2 + \cdots$ の形の級数解を求めよ．
(1) $y' = y^2$　　(2) $xy'' = \sin x$

■ 演習 **4.2** 微分方程式 $y' = e^y$ について以下の問に答えよ．
(1) 等式 $y'' = e^{2y}$, $y''' = 2e^{3y}, \ldots, y^{(n)} = (n-1)! \, e^{ny}$ が成り立つことを示せ．
(2) $y(0) = c$ として，$y = a_0 + a_1 x + a_2 x^2 + \cdots$ の形の解を求めよ．

■ 演習 **4.3** p を $p \neq 0$, $p \neq \dfrac{1}{2n}$ $(n = 1, 2, 3, \ldots)$ を満たす実数とする．微分方程式
$$y'' + 2x^{p-1} y' + (p-1) x^{p-2} y = 0$$
について以下の問に答えよ．
(1) $y = a_0 + a_1 x^p + a_2 x^{2p} + \cdots + a_m x^{mp} + \cdots$ の形の級数解を求めよ．
(2) (1) で求めた解が，$t = x^p$ に関する多項式になる，すなわち，ある整数 M に対して $a_M = a_{M+1} = a_{M+2} = \cdots = 0$ となるためには，p はどのような数でなければならないか．その条件を述べよ．

■ 演習 **4.4** n を 0 以上の整数とする．微分方程式
$$(1 - x^2) y'' - 2xy' + n(n+1) y = 0$$
（ルジャンドル (Legendre) の微分方程式）の級数解を求めよ．

■ 演習 **4.5** n を 0 以上の整数とする．微分方程式
$$xy'' + (1 - x) y' + ny = 0$$
（ラゲール (Laguerre) の微分方程式）の級数解を求めよ．

■ 演習 **4.6** α, β, γ を実数とする．微分方程式
$$x(x-1) y'' + \{(\alpha + \beta + 1)x - \gamma\} y' + \alpha\beta y = 0$$
（超幾何微分方程式）の級数解を求めよ．

付 録
近似解と存在定理

ここでは，微分方程式の近似解を数値計算で求める方法として，差分近似を説明する．また，近似解をどんどん精密にしていくと，ある条件の下で真の解に収束し，それにより解の存在と一意性がいえるという存在定理について述べる．

微分方程式の初期値問題

> [A] $y' = f(x,y)$, $y(a) = y_0$ （y_0 は実数）となる $y = y(x)$ （ただし，$a \leq x \leq b$）を求めよ

を考えよう．この問題を直接解くのが難しい場合，以下のようにして近似的な解を求めてみよう．

微分の定義より，

$$y'(x) = \lim_{h \to 0} \frac{y(x+h) - y(x)}{h} \tag{A.1}$$

となる．この式の右辺の極限値を求める際に，「h を限りなく 0 に近づける」という操作が必要になるが，h を限りなく 0 に近づける代わりに，h を 0 に近い正の実数として，近似式

$$y'(x) \approx \frac{y(x+h) - y(x)}{h} \tag{A.2}$$

（"$\approx$" は「ほぼ等しい」を意味する記号）を用いて微分方程式を解いていくことを考える．(A.2) より，

$$y(x+h) \approx y(x) + h \cdot y'(x) = y(x) + hf(x,y) \tag{A.3}$$

となる．ここで，区間 $[a, b]$ を N 等分し，

$$x_0 = a, \quad x_1 = a + h, \quad x_2 = a + 2h, \quad \ldots,$$
$$x_n = a + nh, \quad \ldots, \quad x_N = b \qquad \left(h = \frac{b-a}{N}\right)$$

とおき，これらの点における関数の値を (A.3) を用いて

$$y_0 = y(x_0),$$
$$y_{n+1} = y_n + hf(x_n, y_n) \quad (n = 0, 1, 2, \ldots, N-1) \tag{A.4}$$

により定めていく．こうして得られた $N+1$ 個の点 (x_n, y_n) を線分でつないだものを微分方程式の初期値問題 [**A**] の**折れ線近似**という．

例 A.1 初期値問題

$$y' = y, \quad y(0) = 1 \quad (0 \le x \le 1)$$

を考える．区間 $[0, 1]$ を N 等分し，$h = \dfrac{1}{N}$，$f(x, y) = y$ として (A.4) を用いると，

$$x_n = \frac{n}{N} \quad (n = 0, 1, 2, \ldots, N),$$
$$y_0 = 1,$$
$$y_1 = y_0 + \frac{1}{N} \cdot y_0$$
$$= 1 + \frac{1}{N},$$
$$y_2 = y_1 + \frac{1}{N} \cdot y_1 = 1 + \frac{2}{N} + \frac{1}{N^2}$$
$$= \left(1 + \frac{1}{N}\right)^2,$$
$$y_3 = y_2 + \frac{1}{N} \cdot y_2 = 1 + \frac{3}{N} + \frac{3}{N^2} + \frac{1}{N^3}$$
$$= \left(1 + \frac{1}{N}\right)^3,$$
$$\vdots$$
$$y_n = \left(1 + \frac{1}{N}\right)^n$$

となる．$0 \le x \le 1$ なる実数 x を任意に固定し，整数の列 $\{a_N\}$ を $\displaystyle\lim_{N \to \infty} \frac{a_N}{N} = x$ となるように選ぶ．このとき，$x_{a_N} = \dfrac{a_N}{N}$ における関数の値 y_{a_N} は $N \to \infty$ のとき，

$$\left(1 + \frac{1}{N}\right)^{a_N} = \left\{\left(1 + \frac{1}{N}\right)^N\right\}^{a_N/N}$$
$$\to e^x$$

となる．ここで公式 $\lim_{N\to\infty}\left(1+\dfrac{1}{N}\right)^N = e$ を用いた．従って，確かに折れ線近似は初期値問題の真の解 $y = e^x$ に収束している． $\square$

一般に次の定理が成り立つ．

> **定理 A.1**　初期値問題 [A] において，真の解 $y(x)$ が C^2 級関数，すなわち，2階微分可能でかつ $y''(x)$ が連続であり，さらに $f(x, y)$ が 1 階偏微分可能で，各導関数が有界，すなわちある実数 M が存在して，
> $$|f_x(x, y)| \le M, \quad |f_y(x, y)| \le M$$
> を満たすとき，初期値問題 [A] の折れ線近似は分点の個数 N を無限大に近づけると真の解に収束する．

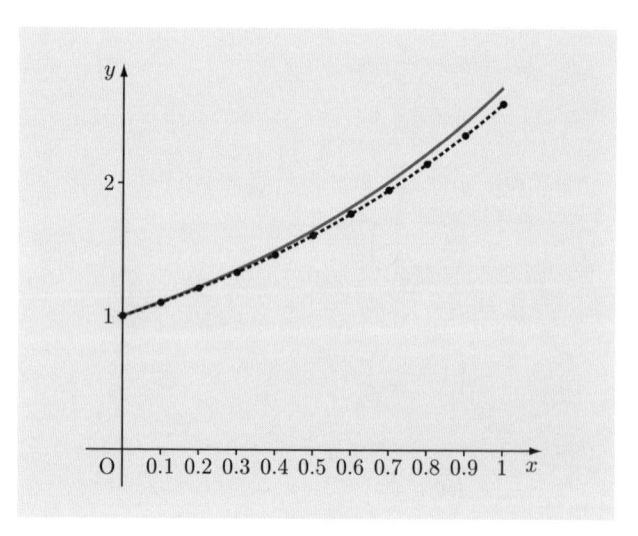

図 A.1 真の解（実線）と折れ線近似（破線，$N = 10$）

折れ線近似は漸化式 (A.4) から計算できるので，コンピュータを用いて多くの微分方程式の近似解を計算することができる．この方法を**オイラー法** (Euler method) という．この他にも，離散的な値を用いて近似解を計算する方法として，**修正オイラー法**，**ルンゲ-クッタ法** (Runge-Kutta method) 等多くの方法が知られている．

次に，微分方程式が解を持つための条件，また，初期値問題がただ一つの解を持つための条件について，結果のみ述べる．まず，次の定理が成立する．

定理 A.2 xy 平面の領域 $D = \{(x, y) \mid a_0 \leq x \leq a_1,\ b_0 \leq y \leq b_1\}$ において定義された 2 変数関数 $f(x, y)$ が連続であるとき，D に属する任意の点 (x_0, y_0) に対して，ある正の数 δ が存在し，初期値問題

$$y' = f(x, y), \quad y(x_0) = y_0$$

の解 $y = y(x)$ が $x_0 - \delta < x < x_0 + \delta$ の範囲で存在する．

よって，$f(x, y)$ が連続であれば，初期値問題は解けることが分かる．初期値問題の解の一意性については次の定理がある．

定理 A.3 定理 A.2 と同じ状況で，さらに $f(x, y)$ がリプシッツ条件 (Lipschitz condition) を満たす，すなわち，ある正の数 M が存在して，

$$|f(x, y) - f(x, y')| \leq M|y - y'|$$

が任意の D の 2 点 (x, y), (x, y') で成り立つとする．このとき，定理 A.2 で得られる初期値問題の解はただ 1 つしかない．

1 階の連立微分方程式についても同様の定理が成り立つ．

定理 A.4 $\mathbb{R}^3$ の領域 $D = \{(x, y, t) \mid a_0 \leq x \leq b_0,\ a_1 \leq y \leq b_1,\ a_2 \leq t \leq b_2\}$ において定義された 2 つの関数 $f(x, y, t), g(x, y, t)$ がリプシッツ条件：ある正の数 M が存在して，

$$|f(x, y, t) - f(x', y', t)| \leq M\|[x - x',\ y - y']\|,$$
$$|g(x, y, t) - g(x', y', t)| \leq M\|[x - x',\ y - y']\|$$

が任意の D の 2 点 (t, x, y), (t, x', y') で成り立つとする．ここで，記号 $\|\cdot\|$ はベクトルの長さ（ノルム）

$$\|[a, b]\| = \sqrt{a^2 + b^2}$$

を表す．このとき，初期値問題

$$\begin{cases} x' = f(x, y, t), & x(t_0) = x_0 \\ y' = g(x, y, t), & y(t_0) = y_0 \end{cases} \tag{A.5}$$

(ただし，$a < t < b$) の解はただ 1 つ存在する．

リプシッツ条件を満たすための簡単な十分条件を 1 つ挙げる．

定理 A.5 $f(x, y, t), g(x, y, t)$ がともに，x, y の多項式と $\sin, \cos, \exp$ の合成関数，およびそのような関数の多項式で表されるとき，任意の $R > 0$ に対して，領域 $D_R = \{(x, y, t) \mid -R \leq x \leq R, -R \leq y \leq R, -\infty < t < \infty\}$ でリプシッツ条件を満たす．従って，任意の $\mathbb{R}^3$ の点 (x_0, y_0, t_0) に対して，初期値問題 (A.5) は $-\infty < t < \infty$ の範囲で一意的に解ける．

定理 A.5 より，3.4 節のすべての連立微分方程式について，初期値問題が一意的に解けることが分かる．従って，相図の任意の点を通る解軌道が存在し，しかも，解軌道は途中で枝分かれしないことが分かる．

次に，2 階線形微分方程式の初期値問題

$$y'' + p(x)y' + q(x)y = r(x), \quad y(x_0) = \alpha, \quad y'(x_0) = \beta \tag{A.6}$$

を考えよう．

定理 A.6 $p(x), q(x), r(x)$ が区間 $[a, b]$ で連続で $a < x_0 < b$ のとき，初期値問題 (A.6) の解 $y(x)$ が $a < x < b$ の範囲でただ 1 つ存在する．また，$p(x), q(x), r(x)$ が $-\infty < x < \infty$ の範囲で連続ならば，解も $-\infty < x < \infty$ の範囲に延長できる．

線形方程式の場合，解の一意性を示すためにリプシッツ条件は不要である．また，解 $y(x)$ が存在する範囲も狭まることなく係数の関数と同じ区間で定義できる．3 階以上の線形微分方程式に関しても同様の事柄が成立するが，詳しいことは他の専門書を見て欲しい．

解　答

▎第 0 章

問題 0.1　(1) $y = C\sin ax$ のとき，2 回微分すると $y' = Ca\cos ax$, $y'' = -Ca^2\sin ax$ だから，$y'' + a^2 y = -Ca^2\sin ax + a^2 C\sin ax = 0$. よって，$y = C\sin ax$ は微分方程式 $y'' + a^2 y = 0$ を満たす. 同様に，$y = C\cos ax$ のとき，2 回微分すると $y'' = -Ca^2\cos ax$ だから，微分方程式 $y'' + a^2 y = 0$ を満たす.

(2) $y = (ax+b)^2$ のとき，$y' = 2a(ax+b)$, $y'' = 2a^2$ だから，
$$yy'' = (ax+b)^2 \cdot 2a^2 = 2a^2(ax+b)^2,$$
$$\frac{1}{2}(y')^2 = \frac{1}{2}\{2a(ax+b)\}^2 = 2a^2(ax+b)^2.$$
よって，微分方程式 $yy'' = \dfrac{1}{2}(y')^2$ を満たす.

▎第 1 章

問題 1.1　(1) $\displaystyle\int \frac{1}{y}\,dy = \int x\,dx$ より $\log|y| = \dfrac{x^2}{2} + C$. 両辺の exp をとって $|y| = e^{\frac{x^2}{2}+C}$. したがって $y = \pm e^C e^{\frac{x^2}{2}}$. よって一般解は，$y = Ce^{\frac{x^2}{2}}$ $\left(y = C\exp\dfrac{x^2}{2}\right.$ と書いたほうが見やすい$\left.\right)$.

(2) $\displaystyle\int \frac{1}{y}\,dy = \int \frac{1}{x}\,dx$ より，$\log|y| = \log|x| + C$. 両辺の exp をとって，$|y| = e^C|x|$. 絶対値記号を外すと $y = \pm e^C x$. 一般解は，$y = Cx$.

問題 1.2　$y' = 4y$ の一般解は $y = Ce^{4x}$. この式に $x=1, y=2$ を代入して $C = 2e^{-4}$ が分かる. 求める解は，$y = 2e^{4(x-1)}$.

問題 1.3　(1) $-\dfrac{1}{y} = -\dfrac{1}{2}\cos 2x + C$ を y について解くと，$y = \dfrac{2}{\cos 2x + C}$ $\left(\text{または}\; y = \dfrac{1}{\cos^2 x + C}\right)$. また，$y = 0$ も解である.

(2) $-\dfrac{1}{y} = -\dfrac{1}{2x^2} + C$ を y について解くと，$y = \dfrac{2x^2}{1 + Cx^2}$. また，$y = 0$ も解である.

(3) $-\dfrac{1}{y+1} = \dfrac{1}{2}e^{2x} + C$ を y について解くと，$y = -\dfrac{e^{2x} + 2 + C}{e^{2x} + C}$. また，$y = -1$ も解である.

問題 1.4　(1) $\displaystyle\int \frac{1}{\sqrt{1-y^2}}\,dy = \int 1\,dx$ より，$\mathrm{Arcsin}\, y = x + C$. 両辺の sin をとって，

一般解は $y = \sin(x + C)$. また, $y = \pm 1$ も解である.

(2) $\int \dfrac{1}{\sqrt{y^2 + 1}} \, dy = \int 2x \, dx$ より, $\operatorname{Arcsinh} y = x^2 + C$. 両辺の $\sinh$ をとって, 一般解は $y = \sinh(x^2 + C)$.

(3) $\int \dfrac{1}{2^2 + y^2} \, dy = \int 1 \, dx$ より, $\dfrac{1}{2} \operatorname{Arctan}\left(\dfrac{y}{2}\right) = x + C$. 両辺の $\tan$ をとって $\dfrac{y}{2} = \tan\{2(x + C)\}$. よって一般解は, $y = 2\tan(2x + C)$.

(4) $\int e^{-y} \, dy = \int e^x \, dx$ より, $-e^{-y} = e^x + C$. よって $e^{-y} = -e^x - C$ で, 両辺の $\log$ をとると $-y = \log(-e^x - C)$. よって一般解は, $y = -\log(-e^x - C)$ $\left(\text{または } y = \log\left(-\dfrac{1}{e^x + C}\right)\right)$.

問題 1.5 $\int \dfrac{2y}{1 + y^2} \, dy = \int \dfrac{(1 + y^2)'}{1 + y^2} \, dy = \log(1 + y^2)$ より, $y' = \dfrac{1 + y^2}{2y}$ の一般解は $\log(1 + y^2) = x + C$. 両辺の $\exp$ をとり, $1 + y^2 = C' e^x$. よって $y = \pm\sqrt{C' e^x - 1}$. 右辺の符号は $x = 0$ のとき $y = -1$ となるように選ぶ. 求める解は, $y = -\sqrt{2e^x - 1}$.

問題 1.6 (1) $y^4 = (x + 1)^4 + C$

(2) $\int \dfrac{y^2 - 5}{3y^2} \, dy = \int \left(\dfrac{1}{3} - \dfrac{5}{3y^2}\right) dy = \dfrac{y}{3} + \dfrac{5}{3y}$ より, 一般解は $x - \dfrac{y}{3} - \dfrac{5}{3y} = C$. また, $y = 0$ も解である.

(3) $\int \dfrac{2y + 1}{1 + y^2} \, dy = \int \dfrac{(1 + y^2)'}{1 + y^2} \, dy + \int \dfrac{1}{1 + y^2} \, dy = \log(1 + y^2) + \operatorname{Arctan} y$ より, 一般解は $x - \log(1 + y^2) - \operatorname{Arctan} y = C$.

問題 1.7 (1) $u = 3x - 2y$ とおくと, $u' = 3 - 2y'$ よって $y' = \dfrac{3 - u'}{2}$. これより, 元の方程式は $\dfrac{3 - u'}{2} = u$, すなわち $u' = 3 - 2u$ となる. これを解いて $3 - 2u = Ce^{-2x}$. これに $u = 3x - 2y$ を代入して整理すると, 一般解は $y = -\dfrac{3}{4} + \dfrac{3x}{2} + Ce^{-2x}$.

(2) $u = x + y$ とおくと, $u' = 1 + y'$ よって元の方程式は $u' - 1 = \dfrac{u + 1}{u}$ となる. $\int \dfrac{u}{2u + 1} \, du = \int \left(\dfrac{1}{2} - \dfrac{\frac{1}{2}}{2u + 1}\right) du = \dfrac{u}{2} - \dfrac{1}{4} \log|2u + 1|$ より, 方程式の解は $\dfrac{u}{2} - \dfrac{1}{4} \log|2u + 1| = x + C$. これに $u = x + y$ を代入して整理すると, 一般解は $2x - 2y + \log(1 + 2x + 2y) = C$. また, $2u + 1 = 0$, すなわち $y = -x - \dfrac{1}{2}$ も解である.

問題 1.8 (1) $\dfrac{7u}{5 - 2u}$ (2) $\dfrac{1 + 5u - u^2}{u^2}$

解　答　　　　　　　　　　153

(3) 分子・分母に x を掛けて, $\dfrac{x^{-1}y^4+2x^2y}{x^3+y^3}=\dfrac{y^4+2x^3y}{x^4+xy^3}=\dfrac{u^4+2u}{1+u^3}$

(4) 分子・分母を x で割ると, $\dfrac{x+\sqrt{xy}}{y-\sqrt{xy}}=\dfrac{1+\sqrt{\dfrac{y}{x}}}{\dfrac{y}{x}-\sqrt{\dfrac{y}{x}}}=\dfrac{1+\sqrt{u}}{u-\sqrt{u}}$

問題 1.9 (1) $u=\dfrac{y}{x}$, $y'=u+xu'$ を代入すると, $u'=-\dfrac{1}{x}$ と変形できる. これを解いて $u=-\log|x|+C$. 求める一般解は, $y=(-\log|x|+C)x$.

(2) 上と同様にして, $u'=\dfrac{1-3u^2}{2x}\cdot\dfrac{1}{x}$ と変形できる. これを解いて, $-\dfrac{1}{3}\log|1-3u^2|=\log|x|+C$. よって, $(1-3u^2)x^3=C$. 求める一般解は, $y^2-\dfrac{x^2}{3}-\dfrac{C}{x}=0$.

問題 1.10 (1) $u=\dfrac{y}{x}$, $y'=u+xu'$ を代入すると, $u'=-\dfrac{3u^2-4u-1}{3u-2}\cdot\dfrac{1}{x}$ と変形できる. これを解いて, $\log|3u^2-4u-1|=-2\log|x|+C$. よって, $(3u^2-4u-1)x^2=C$. 求める一般解は, $x^2+4xy-3y^2=C$.

(2) $u'=-\dfrac{u^3+3u^2-3u-1}{u^2+2u-1}\cdot\dfrac{1}{x}$ と変形できる. これを解いて, $\log|u^3+3u^2-3u-1|=-3\log|x|+C$. よって, $(u^3+3u^2-3u-1)x^3=C$. 求める一般解は, $x^3+3x^2y-3xy^2-y^3=C$.

(3) $u'=-\dfrac{u(1+u)}{u-1}\cdot\dfrac{3}{x}$ と変形できる. 部分分数展開 $\dfrac{u-1}{u(1+u)}=-\dfrac{1}{u}+\dfrac{2}{1+u}$ を用いて方程式を解くと, $-\log|u|+2\log|1+u|=-3\log|x|+C$ となる. 両辺の exp をとって, $\dfrac{(1+u)^2}{|u|}=\dfrac{C}{|x|^3}$. 求める一般解は, $x^2(x+y)^2-Cy$. また, $y=0$ も解である.

(4) $u'=\dfrac{4+u^2}{x}$ と変形できる. これを解いて, $\dfrac{1}{2}\mathrm{Arctan}\dfrac{u}{2}=\log|x|+C$. 求める一般解は, $y=2x\tan(2\log|x|+C)$.

問題 1.11 (1) 部分積分より, $\displaystyle\int e^x x\,dx=e^x x-\int e^x\cdot 1\,dx=e^x x-e^x$. よって求める一般解は $y=e^{-x}(e^x x-e^x+C)=x-1+Ce^{-x}$.

(2) $I=\displaystyle\int e^{x^3}x^2\,dx$ を $u=x^3$ で置換すると, $du=3x^2\,dx$ より, $I=\dfrac{1}{3}\displaystyle\int e^u\,du=\dfrac{1}{3}e^u=\dfrac{1}{3}\exp(x^3)$. よって求める一般解は, $y=\exp(-x^3)\left\{\dfrac{1}{3}\exp(x^3)+C\right\}=\dfrac{1}{3}+Ce^{-x^3}$.

(3) 求める一般解は, $y=5e^{-x^2}\left(\displaystyle\int e^{x^2}\,dx+C\right)$. $\displaystyle\int e^{x^2}\,dx$ は計算できないので, このままにしておく. 積分定数はつける.

問題 1.12 $I = \int \exp(e^x)e^{2x}\,dx$ を $u = e^x$ で置換すると, $du = e^x\,dx = u\,dx$ より, $I = \int e^u u\,du = e^u(u-1)$. よって一般解は $y = e^{-u}\{e^u(u-1) + C\} = u - 1 + Ce^{-u} = e^x - 1 + C\exp(-e^x)$. この式に $x = 0, y = 1$ を代入して $C = e$ を得る. 求める解は, $y = e^x - 1 + \exp(1 - e^x)$.

問題 1.13 (1) 一般解は
$$y = e^{-\log x}\left(\int e^{\log x} x\,dx + C\right)$$
$$= x^{-1}\left(\int x \cdot x\,dx + C\right) = x^{-1}\left(\frac{1}{3}x^3 + C\right) = \frac{x^3 + C}{3x}.$$

(2) $\int \tan x\,dx = \int \frac{-(\cos x)'}{\cos x}\,dx = -\log(\cos x)$ より, 一般解は
$$y = e^{\log(\cos x)}\left(\int e^{-\log(\cos x)}\cos x\,dx + C\right)$$
$$= \cos x\left(\int \frac{1}{\cos x}\cdot \cos x\,dx + C\right) = \cos x(x + C) = (x + C)\cos x.$$

(3) 一般解は
$$y = e^{-2\log x}\left(\int e^{2\log x}\frac{1}{x}\,dx + C\right) = x^{-2}\left(\int x^2 \cdot \frac{1}{x}\,dx + C\right) = \frac{1}{2} + \frac{C}{x^2}.$$

問題 1.14 一般解は
$$y = e^{-\log(x^2 - x - 2)}\left(\int e^{\log(x^2 - x - 2)} x\,dx + C\right)$$
$$= \frac{1}{x^2 - x - 2}\left(\int (x^2 - x - 2)x\,dx + C\right) = \frac{1}{x^2 - x - 2}\left(\frac{x^4}{4} - \frac{x^3}{3} - x^2 + C\right).$$

これに $x = 0, y = \frac{1}{4}$ を代入して $C = \frac{1}{2}$ を得る. 求める解は,
$$y = \frac{3x^4 - 4x^3 - 12x^2 - 6}{12(x^2 - x - 2)}.$$

問題 1.15 (1) $u = y^{1-3} = y^{-2}$ とおくと, $u' = -2y^{-3}y'$. これより, 元の方程式は $-\frac{u'}{2} + 2xu = x$ と変形できる. これを解いて, $u = \frac{1}{2} + Ce^{2x^2}$. 求める一般解は,
$$y^2 = \frac{2}{1 + Ce^{2x^2}},\ y = 0.$$

(2) $u = y^{1-(-1)} = y^2$ とおくと, $u' = 2yy'$. これより, 元の方程式は $\frac{1}{2}u' + u = 1$ と変形できる. これを解いて, $u = 1 + Ce^{-2x}$. 求める一般解は, $y^2 = 1 + Ce^{-2x}$.

(3) $u = y^{1-2} = y^{-1}$ とおくと, $u' = -y^{-2}y'$. これより, 元の方程式は $u' - (\cot x)u = -1$ と変形できる. $\int \cot x\,dx = \int \frac{(\sin x)'}{\sin x}\,dx = \log(\sin x)$ より, 一般解は

解　答

$$u = e^{\log(\sin x)} \left\{ \int e^{-\log(\sin x)} \cdot (-1) \, dx + C \right\} = \sin x \left(-\int \frac{1}{\sin x} \, dx + C \right)$$

$$= \sin x \left(-\int \frac{\sin x}{\sin^2 x} \, dx + C \right) = \sin x \left(-\int \frac{\sin x}{1 - \cos^2 x} \, dx + C \right).$$

$t = \cos x$ で置換すると, $dt = -\sin x \, dx$ より,

$$u = \sin x \left(\int \frac{1}{1-t^2} \, dt + C \right) = \sin x \left\{ \frac{1}{2} \int \left(\frac{1}{1+t} + \frac{1}{1-t} \right) dt + C \right\}$$

$$= \frac{\sin x}{2} \left(\log|1+t| - \log|1-t| + C \right)$$

$$= \frac{\sin x}{2} \left\{ \log(1+\cos x) - \log(1-\cos x) + C \right\}.$$

ここで, $(1 \pm \cos x)$ は負になることはないので, 絶対値記号は必要ない. 求める一般解は,

$$y = \frac{2}{\left(\log \dfrac{1+\cos x}{1-\cos x} + C \right) \sin x} \quad \left(\text{または, } y = \frac{1}{\left(\log \left| \cot \dfrac{x}{2} \right| + C \right) \sin x} \right).$$

または, $\log \dfrac{1+\cos x}{1-\cos x} = \log \dfrac{(1+\cos x)^2}{(1-\cos x)(1+\cos x)} = \log \dfrac{(1+\cos x)^2}{1-\cos^2 x}$

$$= \log \dfrac{(1+\cos x)^2}{\sin^2 x} = 2 \log \left| \dfrac{1+\cos x}{\sin x} \right| = 2 \log |\operatorname{cosec} x + \cot x|$$

と変形して, 一般解は, $y = \dfrac{1}{(\log |\operatorname{cosec} x + \cot x| + C) \sin x}$ としてもよい $\left(\operatorname{cosec} x = \dfrac{1}{\sin x} \right)$.
いずれの場合も, $y = 0$ も解である.

問題 1.16　(1) 特殊解は $x, -2x$. $y = z - 2x$ とおくと方程式は $z' = \dfrac{4}{x} z + \dfrac{1}{x^2} z^2$ と変形される. これを解いて, $z = \dfrac{3x^4}{x^3 + C}$. 求める一般解は $y = \dfrac{x(x^3 - 2C)}{x^3 + C}$.

(2) 特殊解は $x, \dfrac{x}{2}$. $y = z + x$ と置くと方程式は $z' = 2xz + 2z^2$ と変形される. これを解いて, $z = \dfrac{x^2}{C - 2x}$. 求める一般解は $y = \dfrac{x(C-x)}{C - 2x}$.

(3) 特殊解は $-x^{-1}, 3x^{-1}$. $y = z - x^{-1}$ と置くと方程式は $z' = \dfrac{3}{x} z - z^2$ と変形される. これを解いて, $z = \dfrac{4x^3}{x^4 + C}$. 求める一般解は $y = \dfrac{3x^4 - C}{x(x^4 + C)}$.

問題 1.17　(1) $\dfrac{\partial}{\partial x} \{ f(x) g(y) \} = f'(x) g(y), \dfrac{\partial}{\partial y} \{ f(x) g(y) \} = f(x) g'(y)$ に注意して, 求める全微分方程式は $2(x+2)(2y-3)^3 \, dx + 6(x+2)^2 (2y-3)^2 \, dy = 0$.

(2) 合成関数の微分法より $\dfrac{\partial}{\partial x} e^{f(x,y)} = e^{f(x,y)} \dfrac{\partial}{\partial x} f(x,y)$ などに注意して, 求める全微分方程式は $(2xe^{x^2+y} + y^2 e^{xy^2}) \, dx + (e^{x^2+y} + 2xy e^{xy^2}) \, dy = 0$.

(3) $\dfrac{x \, dy - y \, dx}{x^2} = 0$ または分母を払って $x \, dy - y \, dx = 0$.

問題 1.18 (1) $\dfrac{\partial}{\partial y}(4xy - 5y^2) = \dfrac{\partial}{\partial x}(2x^2 - 10xy + 3y^2) = 4x - 10y$ より完全形．一般解は $y(2x^2 - 5xy + y^2) = C$．

(2) $\dfrac{\partial}{\partial y}\{\sin(x+y)\} = \dfrac{\partial}{\partial x}\{\sin(x+y) + \cos y\} = \cos(x+y)$ より完全形．一般解は $\sin y - \cos(x+y) = C$．

(3) $\dfrac{\partial}{\partial y}\{1 + \log(xy)\} = \dfrac{\partial}{\partial x}\left(\dfrac{x}{y}\right) = \dfrac{1}{y}$ より完全形．
$\int \log(xy)\,dx = \int (\log x + \log y)\,dx = x\log x - x + (\log y)x$ に注意して，一般解は $x\log(xy) = C$．

演習 1.1 (1) $\displaystyle\int \dfrac{x}{x+1}\,dx = \int\left(1 - \dfrac{1}{x+1}\right)dx = x - \log|x+1|$ などに注意して，一般解は $x - y - \log|1+x| - \log|y| = C$．また，$y = 0$ も解である．

(2) $\tan x + \cot y = C$，または，$y = -\mathrm{Arctan}\left(\dfrac{1}{\tan x + C}\right) + n\pi$ （n は任意の整数）．また，$y = n\pi$ （n は任意の整数）も解である．

(3) $\displaystyle\int \dfrac{\log y}{y}\,dy = \int (\log y)(\log y)'\,dy = \dfrac{1}{2}(\log y)^2$ などに注意して，一般解は $x\log x - x - \dfrac{(\log y)^2}{2} = C$．また，$y = 0$ も解である．

(4) $\mathrm{Arctan}\,y = \mathrm{Arctan}\,x + C$ の両辺の $\tan$ をとって，$y = \tan(\mathrm{Arctan}\,x + C)$．ここで，$\tan$ の加法定理 $\tan(\alpha + \beta) = \dfrac{\tan\alpha + \tan\beta}{1 - \tan\alpha\tan\beta}$ を用いれば，$\tan C$ を C と置き直し，一般解は $y = \dfrac{C + x}{1 - Cx}$．また，$C = \dfrac{\pi}{2}$ のとき，$y = \tan\left(\mathrm{Arctan}\,x + \dfrac{\pi}{2}\right) = -\dfrac{1}{\tan(\mathrm{Arctan}\,x)}$，すなわち，$y = -\dfrac{1}{x}$ も解である．

演習 1.2 (1) $u = \dfrac{y}{x}$ と置くと，元の方程式は $u' = \dfrac{5}{ux}$ となる．これを解いて，$\dfrac{u^2}{2} = 5\log|x| + C$．よって求める一般解は，$y^2 = (10\log|x| + C)x^2$．

(2) (1) と同様に置くと，元の方程式は，$u' = \dfrac{1 + u^2}{(1-u)x}$ となる．これを解いて，$\mathrm{Arctan}\,u - \dfrac{1}{2}\log(1 + u^2) = \log|x| + C$．よって求める一般解は，$2\mathrm{Arctan}\,\dfrac{y}{x} - \log(x^2 + y^2) = C$．または，2倍角の公式 $\tan 2\alpha = \dfrac{2\tan\alpha}{1 - \tan^2\alpha}$ を用いて，$\mathrm{Arctan}\,\dfrac{2xy}{x^2 - y^2} - \log(x^2 + y^2) = C$ としてもよい．

(3) (1) と同様に置くと，元の方程式は，$u' = \dfrac{u(\log u - 1)}{x}$ となる．これを解いて，$u = e^{1 + Cx}$．よって求める一般解は，$y = xe^{1 + Cx}$．

(4) (1) と同様に置くと，元の方程式は，$u' = \dfrac{1}{x\sqrt{u}}$ となる．これを解いて，
$\dfrac{2}{3}u^{3/2} = \log|x| + C$．よって求める一般解は，$\dfrac{2}{3}\left(\dfrac{y}{x}\right)^{3/2} - \log|x| + C = 0$．

演習 1.3 (1) $y = -(x+1)e^{-2x} + Ce^{-x}$．

(2) $\displaystyle\int e^{-\cos x}\sin x\,dx = e^{-\cos x}$ に注意して，一般解は，$y = 1 + Ce^{\cos x}$．

(3) $e^{x\log x - x} = x^x e^{-x}$ に注意して，一般解は，$y = x^{-x}(Ce^x - 1)$．

(4) $\displaystyle\int \dfrac{x^2}{1+x^2}\,dx = \int\left(1 - \dfrac{1}{1+x^2}\right)dx = x - \operatorname{Arctan} x$ に注意して，一般解は，
$y = \dfrac{x - \operatorname{Arctan} x + C}{x^2}$．

演習 1.4 (1) $u = y^{1-3} = y^{-2}$ とおくと，元の方程式は $u' - 2u = -2x$ と変形できる．これを解いて，$u = \dfrac{1}{2} + x + Ce^{2x}$．よって求める一般解は，$y^2 = \dfrac{2}{1 + 2x + Ce^{2x}}$．また，$y = 0$ も解である．

(2) $u = y^{1-1/2} = y^{1/2}$ とおくと，元の方程式は $u' + \dfrac{1}{2x}u = \dfrac{1}{2}$ と変形できる．これを解いて，$u = \dfrac{x}{3} + \dfrac{C}{\sqrt{x}}$．よって求める一般解は，$\sqrt{y} = \dfrac{x}{3} + \dfrac{C}{\sqrt{x}}$ となる．または y について解くと，$y = \left(\dfrac{x}{3} + \dfrac{C}{\sqrt{x}}\right)^2$ （ただし，x の動く範囲は，$\dfrac{x}{3} + \dfrac{C}{\sqrt{x}} > 0$ より，$x > \max\{0, (-3C)^{2/3}\}$）となる．また，$y = 0$ も解である．

(3) 特殊解は $\dfrac{1}{\sqrt{x}}, -\dfrac{2}{\sqrt{x}}$．$y = z + \dfrac{1}{\sqrt{x}}$ を代入すると，元の方程式は，$z' - \dfrac{z}{x} = \dfrac{z^2}{2\sqrt{x}}$ となる．これを解いて，$z = \dfrac{3x}{C - x^{3/2}}$．よって求める一般解は，$y = \dfrac{2x^{3/2} + C}{(C - x^{3/2})\sqrt{x}}$．

(4) 特殊解は $\pm 2x^2$．$y = z - 2x^2$ を代入すると，元の方程式は，$z' - \dfrac{2 - 4x^3}{x}z = -z^2$ となる．これを解いて，$z = \dfrac{4x^2}{1 + C\exp\left(-\frac{4}{3}x^3\right)}$．よって求める一般解は，
$y = \dfrac{2x^2\left\{\exp\left(\frac{4}{3}x^3\right) - C\right\}}{\exp\left(\frac{4}{3}x^3\right) + C}$．

演習 1.5 (1) $\dfrac{\partial}{\partial y}(\sin x + x\cos x + \cos y) = \dfrac{\partial}{\partial x}(-x\sin y - \cos y) = -\sin y$ より完全形．一般解は $x\sin x + x\cos y - \sin y = C$．

(2) $\dfrac{\partial}{\partial y}\left(\dfrac{1 + 2x + 2y}{x + y}\right) = \dfrac{\partial}{\partial x}\left(\dfrac{3x + 4y}{xy + y^2}\right) = -\dfrac{1}{(x+y)^2}$ より完全形．一般解は
$2x + \log|(x+y)y^3| = C$．

演習 1.6 (1) 一般解は $\sin y = \sin x + C$．$x = 0$ のとき $y = \pi$ より，$C = 0$．両辺に

Arcsin を施すと，p.13 注意 1.3 の公式より求める解は $y = \pi - x$．

(2) $u = 2x + 2y$ と置くと，元の方程式は，$u' = 2\cos u + 2 = 4\cos^2 \dfrac{u}{2}$ と変形できる．これを解いて，$\tan \dfrac{u}{2} = 2x + C$．$x = 0$ のとき $u = \dfrac{3\pi}{2}$ より，$C = -1$．両辺の Arctan をとって，$\dfrac{u}{2} = \text{Arctan}(2x - 1) + n\pi$ (n は整数)．再び $x = 0$ のとき $u = \dfrac{3\pi}{2}$ より，$n = 1$．よって求める解は，$y = -x + \text{Arctan}(2x - 1) + \pi$．

(3) $u = 4x - y$ と置くと，元の方程式は，$u' = -u^2 + 4$ と変形できる．これを解いて，$\dfrac{u+2}{u-2} = Ce^{4x}$．$x = 0$ のとき $u = -1$ より，$C = -\dfrac{1}{3}$．求める解は，
$$y = \frac{2(2e^{4x}x - e^{4x} + 6x + 3)}{3 + e^{4x}}.$$

(4) 変数分離形であり，一般解は，$-\dfrac{1}{2y^2} = x\log(-x) - x + C$．$x = -1$ のとき $y = -\dfrac{1}{3}$ より，$C = -\dfrac{11}{2}$．$x = -1$ のとき $y < 0$ に注意して y について解くと，求める解は $y = -\dfrac{1}{\sqrt{2x + 11 - 2x\log(-x)}}$．

演習 1.7 変数分離形．一般解は $y = \dfrac{Ke^{Rx}}{e^{Rx} + CK}$ (C は任意定数)．$x = 0$ のとき $y = y_0$ より，$C = \dfrac{K - y_0}{y_0 K}$．よって求める解は，$y = \dfrac{y_0 Ke^{Rx}}{y_0 e^{Rx} + K - y_0}$．

第 2 章

問題 2.1 (1) $y = e^{2x}$, $y = e^{-3x}$ をそれぞれ方程式に代入すると，
$$(e^{2x})'' + (e^{2x})' - 6e^{2x} = 4e^{2x} + 2e^{2x} - 6e^{2x} = 0,$$
$$(e^{-3x})'' + (e^{-3x})' - 6e^{-3x} = 9e^{-3x} - 3e^{-3x} - 6e^{-3x} = 0$$
よって，$y = e^{2x}$, $y = e^{-3x}$ は $y'' + y' - 6y = 0$ の解である．

(2) 解空間を V とすると，e^{2x}, e^{-3x} は V に属しているから，$5e^{2x} + 11e^{-3x}$ も V に属している．すなわち，$y = 5e^{2x} + 11e^{-3x}$ は解である．

(3) $y = C_1 e^{2x} + C_2 e^{-3x} - 1$

問題 2.2 (1) 1 (2) i (3) $3\left(\cos\sqrt{5} + i\sin\sqrt{5}\right)$

問題 2.3 (1) $(2 - 3i)e^{(2-3i)x}$ (2) $12ie^{3ix} + (4 - 5i)e^{(5+4i)x}$

(3) $(-7 - 24i)e^{(3-4i)x}$

(4) ライプニッツの公式より，
$$\left(x^2 e^{\sqrt{3}\,ix}\right)'' = (x^2)'' e^{\sqrt{3}\,ix} + 2(x^2)' \left(e^{\sqrt{3}\,ix}\right)' + x^2 \left(e^{\sqrt{3}\,ix}\right)''$$
$$= \left(2 + 4\sqrt{3}\,ix - 3x^2\right) e^{\sqrt{3}\,ix}$$

問題 2.4 (1) $y = C_1 e^{-2x} + C_2 e^{-3x}$ (2) $y = C_1 e^{-3x/2} + C_2 e^{4x}$

解　答

(3)　$y = C_1 e^{(-3+2\sqrt{6})x} + C_2 e^{(-3-2\sqrt{6})x}$

問題 2.5　(1)　$y = C_1 \cos \dfrac{x}{3} + C_2 \sin \dfrac{x}{3}$　　(2)　$y = C_1 \cos(\sqrt{2}\,x) + C_2 \sin(\sqrt{2}\,x)$

(3)　$y = e^{5x/2} \left\{ C_1 \cos \left(\dfrac{\sqrt{3}\,x}{2} \right) + C_2 \sin \left(\dfrac{\sqrt{3}\,x}{2} \right) \right\}$

問題 2.6　(1)　$y = (C_1 + C_2 x) e^{3x}$　　(2)　$y = (C_1 + C_2 x) e^{7x/6}$

(3)　$y = (C_1 + C_2 x) e^{-x/5}$

問題 2.7　(1)　特性方程式は $\lambda^3 + \lambda^2 - 5\lambda + 3 = 0$, 特性解は -3（重複度 1）, 1（重複度 2）

(2)　特性方程式は $\lambda^3 - \lambda^2 - 3\lambda + 6 = 0$, 特性解は -2, $\dfrac{3 \pm \sqrt{3}\,i}{2}$（重複度はすべて 1）

(3)　特性方程式は $\lambda^4 - 4\lambda^3 + 6\lambda^2 - 4\lambda + 1 = 0$. 左辺を因数分解して $(\lambda - 1)^4 = 0$ より, 特性解は 1（重複度 4）

問題 2.8　(1)　$y = C_1 e^{3x} + (C_2 + C_3 x) e^{-x}$　　(2)　$y = C_1 e^{-5x/2} + (C_2 + C_3 x) e^{x/3}$

(3)　$y = C_1 \cos 2x + C_2 \sin 2x + C_3 \cos x + C_4 \sin x$

問題 2.9　(1)　$y = \cos x - \sin x$　　(2)　$y = -e^{-2x}$

(3)　$y = \left(1 + 3x + \dfrac{9x^2}{2} \right) e^{-2x}$

問題 2.10　(1)　重複度の表は,

特性解	同伴方程式での重複度	関数部分での重複度	重複度の合計	特殊解の形
2	0	1	1	Ae^{2x}

求める一般解は, $y = -2e^{2x} + C_1 e^{3x} + C_2 e^x$.

(2)　重複度の表は,

特性解	同伴方程式での重複度	関数部分での重複度	重複度の合計	特殊解の形
1	0	2	2	$(Ax+B)e^x$

求める一般解は, $y = \dfrac{3x-2}{27} e^x + (C_1 x + C_2) e^{-2x}$.

(3)　重複度の表は,

特性解	同伴方程式での重複度	関数部分での重複度	重複度の合計	特殊解の形
3	1	1	2	Axe^{3x}

求める一般解は, $y = (2x + C_1) e^{3x} + C_2 e^{2x}$.

問題 2.11　(1)　重複度の表は,

特性解	同伴方程式での重複度	関数部分での重複度	重複度の合計	特殊解の形
0	0	2	2	$Ax+B$

求める一般解は, $y = \dfrac{3}{4} - \dfrac{x}{2} + C_1 e^{-x/2} + C_2 e^{2x}$.

(2) 重複度の表は,

特性解	同伴方程式での重複度	関数部分での重複度	重複度の合計	特殊解の形
0	0	3	3	$A_1 x^2 + A_2 x + A_3$

求める一般解は, $y = \dfrac{19}{36} - \dfrac{5x}{6} + \dfrac{x^2}{2} + C_1 e^{-2x} + C_2 e^{-3x}$.

(3) 重複度の表は,

特性解	同伴方程式での重複度	関数部分での重複度	重複度の合計	特殊解の形
0	1	3	4	$A_1 x^3 + A_2 x^2 + A_3$

求める一般解は, $y = C_1 - \dfrac{x}{256} - \dfrac{x^2}{64} - \dfrac{x^3}{24} + C_2 e^{8x}$.

問題 2.12 (1) 重複度の表は,

特性解	同伴方程式での重複度	関数部分での重複度	重複度の合計	特殊解の形
1	1	1	2	Axe^x
2	1	1	2	Bxe^{2x}

求める一般解は, $y = (C_1 - x)e^x + (C_2 - 2x)e^{2x}$.

(2) 重複度の表は,

特性解	同伴方程式での重複度	関数部分での重複度	重複度の合計	特殊解の形
$\pm i$	1	1	2	$A_1 x \cos x + A_2 x \sin x$
$\pm 2i$	0	1	1	$B_1 \cos 2x + B_2 \sin x$

求める一般解は,
$$y = \left(C_1 - \dfrac{1}{2}x\right)\cos x + \left(C_2 + \dfrac{1}{2}x\right)\sin x - \dfrac{1}{3}\cos 2x.$$

(3) 重複度の表は,

特性解	同伴方程式での重複度	関数部分での重複度	重複度の合計	特殊解の形
1	2	2	4	$(Ax^3 + Bx^2)e^x$

求める一般解は, $y = (x^3 + 2x^2 + C_1 x + C_2)e^x$.

問題 2.13 (1) ロンスキアンは, $W(x) = \begin{vmatrix} e^{2x} & e^{-2x} \\ 2e^{2x} & -2e^{-2x} \end{vmatrix} = -4$. 求める一般解は,
$$y = \dfrac{e^{3x}}{5} + C_1 e^{2x} + C_2 e^{-2x}.$$

解　答　　　　　　　　　　　　　　**161**

(2)　ロンスキアンは，$W(x) = \begin{vmatrix} \cos x & \sin x \\ -\sin x & \cos x \end{vmatrix} = 1$. 求める一般解は，
$$y = C_1 \cos x + C_2 \sin x + 2.$$

(3)　ロンスキアンは，$W(x) = \begin{vmatrix} e^{(1+\sqrt{2}\,i)x} & e^{(1-\sqrt{2}\,i)x} \\ (1+\sqrt{2}\,i)e^{(1+\sqrt{2}\,i)x} & (1-\sqrt{2}\,i)e^{(1-\sqrt{2}\,i)x} \end{vmatrix} =$
$-2\sqrt{2}\,ie^{2x}$. 求める一般解は，$y = \dfrac{e^x}{2} + e^x(C_1 \cos \sqrt{2}\,x + C_2 \sin \sqrt{2}\,x)$.

問題 2.14　(1)　x^2, x^{-6}

(2)　ロンスキアンは，$W(x) = \begin{vmatrix} x^2 & x^{-6} \\ 2x & -6x^{-7} \end{vmatrix} = -8x^{-5}$. $r(x) = \dfrac{x^2}{x^2} = 1$ に注意して，求める一般解は，$y = \dfrac{x^2(8\log|x| - 1)}{64} + C_1 x^2 + \dfrac{C_2}{x^6}$.

問題 2.15　(1)　0　　　(2)　$-2x^4 - 4x^3 + 12x^2$　　　(3)　0

問題 2.16　(1)　$y = (C_1 + C_2 x + C_3 x^2)e^{-5x}$

(2)　$y = C_1 + C_2 x + C_3 x^2 + C_4 x^3$

(3)　$y = \exp\left(-\dfrac{5x}{2}\right)\left\{(C_1 + C_2 x + C_3 x^2)\cos\left(\dfrac{\sqrt{3}}{2}x\right)\right.$
$$\left. + (C_4 + C_5 x + C_6 x^2)\sin\left(\dfrac{\sqrt{3}}{2}x\right)\right\}$$

問題 2.17　(1)　$y = C_1 e^{-x} + C_2 e^{-2x} + C_3 e^{-3x}$

(2)　$y = C_1 \cos 3x + C_2 \sin 3x + C_3 + C_4 x$

(3)　$y = e^{-x}\left(C_1 e^{\sqrt{5}\,x} + C_2 e^{-\sqrt{5}\,x} + C_3 \cos\sqrt{3}\,x + C_4 \sin\sqrt{3}\,x\right)$

問題 2.18　(1)　$-\dfrac{1}{3}e^{2x}$　　　(2)　$\dfrac{1}{2}e^{-x}$　　　(3)　$\dfrac{1}{25}\sin 2x$

問題 2.19　(1)　xe^{-4x}　　　(2)　$\dfrac{x^2}{2}e^x$　　　(3)　$\dfrac{x}{6}\sin 3x$

問題 2.20　(1)　$\dfrac{1}{D+1}(x-3) = (1 - D + D^2 - \cdots)(x-3) = x - 4$

(2)　$\dfrac{1}{D^2 - 2D + 1}x^2 = \dfrac{1}{D-1}\left(\dfrac{1}{D-1}x^2\right) = \dfrac{1}{D-1}(-x^2 - 2x - 2)$
$$= x^2 + 4x + 6$$

(3)　$\dfrac{1}{D(D+9)}x = \dfrac{1}{D}\left(\dfrac{1}{D+9}x\right) = \int\left(\dfrac{x}{9} - \dfrac{1}{81}\right)dx = \dfrac{x^2}{18} - \dfrac{x}{81}$

問題 2.21　(1)　$-\dfrac{3\cos 3x + 2\sin 3x}{13}$

(2)　$\dfrac{1}{D^3 + 1}\cos 2x = \dfrac{D^3 - 1}{(D^3 - 1)(D^3 + 1)}\cos 2x$
$$= \dfrac{1}{D^6 - 1}(8\sin 2x - \cos 2x)$$
$$= \dfrac{1}{(-4)^3 - 1}(8\sin 2x - \cos 2x) = \dfrac{\cos 2x - 8\sin 2x}{65}$$

(3) $\dfrac{1}{D^2+D+1}\sin x = \dfrac{D^2-D+1}{(D^2-D+1)(D^2+D+1)}\sin x$
$= \dfrac{1}{(D^2+1)^2-D^2}(-\cos x) = \dfrac{1}{(-1+1)^2-(-1)}(-\cos x) = -\cos x$

問題 2.22 (1) $\dfrac{1}{D+2}x^2 e^x = e^x \dfrac{1}{D+3}x^2 = \dfrac{2-6x+9x^2}{27}e^x$

(2) $\dfrac{1}{(D+1)^2}xe^{-x} = e^{-x}\dfrac{1}{D^2}x = e^{-x}\int\left(\int x\,dx\right)dx = \dfrac{1}{6}x^3 e^{-x}$

(3) $\dfrac{1}{D^2+D+3}x^3 = \left\{\dfrac{1}{3} - \dfrac{1}{9}(D^2+D) + \dfrac{1}{27}(D^2+D)^2 - \dfrac{1}{81}(D^2+D)^3\right\}x^3$
$= \dfrac{10-12x-9x^2+9x^3}{27}$

(4) $\dfrac{1}{D+5}x\cos x = \dfrac{1}{2}\dfrac{1}{D+5}x(e^{ix}+e^{-ix})$
$= \dfrac{1}{2}\left(e^{ix}\dfrac{1}{D+i+5}x + e^{-ix}\dfrac{1}{D-i+5}x\right)$
$= \dfrac{1}{2}\left[e^{ix}\left\{\dfrac{1}{i+5} - \dfrac{1}{(i+5)^2}D\right\}x + e^{-ix}\left\{\dfrac{1}{-i+5} - \dfrac{1}{(-i+5)^2}D\right\}x\right]$
$= \dfrac{1}{2}\left[(\cos x + i\sin x)\left\{\dfrac{-i+5}{26}x - \dfrac{(-i+5)^2}{26^2}\right\}\right.$
$\left.+ (\cos x - i\sin x)\left\{\dfrac{i+5}{26}x - \dfrac{(i+5)^2}{26^2}\right\}\right]$
$= \left(\dfrac{5}{26}x - \dfrac{6}{169}\right)\cos x + \left(\dfrac{1}{26}x - \dfrac{5}{338}\right)\sin x$

問題 2.23 (1) $\dfrac{1}{(D^2+1)(D^2+4)}\cos 2x = \dfrac{1}{D^2+4}\left(\dfrac{1}{-4+1}\cos 2x\right) = -\dfrac{1}{12}x\sin 2x$ より,求める一般解は,$y = \left(C_1 - \dfrac{1}{12}x\right)\sin 2x + C_2\cos 2x + C_3\sin x + C_4\cos x.$

(2) $\dfrac{1}{D^4-1}(e^x+e^{-x}) = \dfrac{1}{D-1}\left[\dfrac{1}{(1+1)(1^2+1)}e^x\right]$
$+ \dfrac{1}{D+1}\left[\dfrac{1}{(-1-1)\{(-1)^2+1\}}e^{-x}\right] = \dfrac{1}{4}x(e^x - e^{-x})$

より,求める一般解は,$y = \left(C_1 + \dfrac{1}{4}x\right)e^x + \left(C_2 - \dfrac{1}{4}x\right)e^{-x} + C_3\cos x + C_4\sin x.$

(3) $\dfrac{1}{D^2+D+3}(x^2+2x-3) = \left\{\dfrac{1}{3} - \dfrac{1}{9}(D^2+D) + \dfrac{1}{27}(D^2+D)^2\right\}(x^2+2x-3)$
$= \dfrac{1}{3}x^2 + \dfrac{4}{9}x - \dfrac{37}{27}$

より,求める一般解は,$y = \dfrac{1}{3}x^2 + \dfrac{4}{9}x - \dfrac{37}{27} + e^{-x/2}\left\{\sin\left(\dfrac{\sqrt{11}}{2}x\right) + \cos\left(\dfrac{\sqrt{11}}{2}x\right)\right\}.$

解　　答　　　　　　　　　　　　　　　**163**

演習 2.1　(1)　特殊解の形は，$A_1 x^4 + A_2 x^3 + A_3 x^2 + A_4 x + A_5$. 求める一般解は，
$y = x^4 - 12x^2 + 24 + C_1 \cos x + C_2 \sin x$.

(2)　特殊解の形は，$xe^x(A\cos 2x + B\sin 2x)$. 求める一般解は，
$$y = e^x \left\{ C_1 \cos 2x + \left(\frac{x}{4} + C_2 \right) \sin 2x \right\}.$$

(3)　$\sin x \cos x = \dfrac{1}{2} \sin 2x$. 特殊解の形は，$Ax\cos 2x + Bx \sin 2x$. 求める一般解は，
$$y = \left(C_1 - \frac{1}{8} \right) \cos 2x + C_2 \sin 2x.$$

(4)　特殊解の形は，$Ax^3 e^x$. 求める一般解は，$y = \left(C_1 + C_2 x + C_3 x^2 + \dfrac{1}{6} x^3 \right) e^x$.

演習 2.2　(1)　一般解は，$y = e^{-x/2} \left(C_1 \cos \dfrac{\sqrt{3}\,x}{2} + C_2 \sin \dfrac{\sqrt{3}\,x}{2} \right)$. 求める解は，
$$y = e^{-x/2} \left(\cos \frac{\sqrt{3}\,x}{2} - \frac{\sqrt{3}}{3} \sin \frac{\sqrt{3}\,x}{2} \right).$$

(2)　同伴方程式の特性解は -1 の 4 乗根，すなわち，$\lambda = \dfrac{1 \pm i}{\sqrt{2}}, \dfrac{-1 \pm i}{\sqrt{2}}$ より一般解は，
$$y = 1 + \exp \frac{\sqrt{2}\,x}{2} \left(C_1 \cos \frac{\sqrt{2}\,x}{2} + C_2 \sin \frac{\sqrt{2}\,x}{2} \right)$$
$$+ \exp\left(-\frac{\sqrt{2}\,x}{2} \right) \left(C_3 \cos \frac{\sqrt{2}\,x}{2} + C_4 \sin \frac{\sqrt{2}\,x}{2} \right).$$

求める解は，$y = 1 \quad \cosh \dfrac{\sqrt{2}\,x}{2} \cos \dfrac{\sqrt{2}\,x}{2}$.

演習 2.3　(1)　ロンスキアンは，$W(x) = \begin{vmatrix} \cos x & \sin x \\ -\sin x & \cos x \end{vmatrix} = 1$. 求める一般解は，
$y = (C_1 - x) \cos x + (\log|\sin x| + C_2) \sin x$.

(2)　ロンスキアンは，$W(x) = \begin{vmatrix} x^{-3} & x^{-1} \\ -3x^{-4} & -x^{-2} \end{vmatrix} = 2x^{-5}$. $r(x) = \dfrac{\sin x}{x^2}$ に注意して，求める一般解は，$y = \dfrac{C_1}{x}{}^3 + \dfrac{C_2}{x} - \dfrac{\cos x + r \sin x}{x^3}$.

演習 2.4　(1)　$\dfrac{1}{3} \sin x$

(2)　$\dfrac{1}{(D-2)^4} x^3 e^{2x} = e^{2x} \dfrac{1}{D^4} x^3 = \dfrac{1}{840} x^7 e^{2x}$

(3)　$\dfrac{1}{x+3} x \sin 2x = \dfrac{1}{2i} \dfrac{1}{x+3} x (e^{2ix} - e^{-2ix})$
$$= \frac{1}{2i} \left(e^{2ix} \frac{1}{D+2i+3} x - e^{-2ix} \frac{1}{D-2i+3} x \right)$$
$$= \left(-\frac{2}{13} x + \frac{12}{169} \right) \cos 2x + \left(\frac{3}{13} x - \frac{5}{169} \right) \sin 2x$$

(4) $\dfrac{1}{D^5-D^4-D^3}(x+2) = \dfrac{1}{D^3}\{-1-(D^2-D)\}(x+2) = -\dfrac{1}{24}x^4 - \dfrac{1}{6}x^3$

(5) $\dfrac{1}{D^2+6D+10}e^{-3x}(\sin x - \cos x) = \dfrac{1}{(D+3)^2+1}e^{-3x}(\sin x - \cos x)$

$\quad = e^{-3x}\dfrac{1}{D^2+1}(\sin x - \cos x) = -\dfrac{1}{2}e^{-3x}(x\cos x + x\sin x)$

(6) $\dfrac{1}{D+2}\dfrac{1}{e^{2x}+1} = e^{-2x}\displaystyle\int \dfrac{e^{2x}}{e^{2x}+1}\,dx = \dfrac{1}{2}e^{-2x}\log(e^{2x}+1)$

(7) $\dfrac{1}{D^2+4}x\cos 2x = \dfrac{1}{2}\left(\dfrac{1}{D^2+4}xe^{2ix} + \dfrac{1}{D^2+4}xe^{-2ix}\right)$

$\quad = \dfrac{1}{2}\left(e^{2ix}\dfrac{1}{D^2+4iD}x + e^{-2ix}\dfrac{1}{D^2-4iD}x\right)$

$\quad = \dfrac{1}{16}x\cos 2x + \dfrac{1}{8}x^2\sin 2x$

演習 2.5 (1) 複 2 次式（4 次式のうち偶数次数項しかない式）の変形 $\lambda^4+\lambda^2+1 = (\lambda^2+1)^2 - \lambda^2 = (\lambda^2+\lambda+1)(\lambda^2-\lambda+1)$ より，特性解は，$\lambda = \dfrac{1\pm\sqrt{3}}{2}, \dfrac{-1\pm\sqrt{3}}{2}$. よって，求める一般解は，

$$y = e^{-x/2}\left\{C_1\sin\left(\dfrac{\sqrt{3}}{2}x\right) + C_2\cos\left(\dfrac{\sqrt{3}}{2}x\right)\right\}$$
$$+ e^{x/2}\left\{C_3\sin\left(\dfrac{\sqrt{3}}{2}x\right) + C_4\cos\left(\dfrac{\sqrt{3}}{2}x\right)\right\}.$$

(2) 特性解は，$\lambda = \sqrt{6\pm 3\sqrt{3}}, -\sqrt{6\pm 3\sqrt{3}}$, すなわち $\lambda = \dfrac{\sqrt{3}(\sqrt{3}\pm 1)}{\sqrt{2}}, -\dfrac{\sqrt{3}(\sqrt{3}\pm 1)}{\sqrt{2}}$ (重複度はすべて 2). よって一般解は，

$$y = (C_1+C_2 x)\exp\left(\dfrac{3\sqrt{2}-\sqrt{6}}{2}x\right) + (C_3+C_4 x)\exp\left(\dfrac{3\sqrt{2}+\sqrt{6}}{2}x\right)$$
$$+ (C_5+C_6 x)\exp\left(\dfrac{-3\sqrt{2}-\sqrt{6}}{2}x\right) + (C_7+C_8 x)\exp\left(\dfrac{-3\sqrt{2}+\sqrt{6}}{2}x\right).$$

(3) 相反方程式（係数が左右対称な方程式）$\lambda^4+2\lambda^3-7\lambda^2+2\lambda+1=0$ の両辺を λ^2 で割って，$t = \lambda + \dfrac{1}{\lambda}$ により t の式に直すと，$t^2+2t-9=0$ となる．よって，$t = \lambda + \dfrac{1}{\lambda} = -1\pm\sqrt{10}$. これを λ について解く．求める一般解は，

$$y = C_1\exp\left(\dfrac{-1-\sqrt{2}+\sqrt{5}+\sqrt{10}}{2}x\right) + C_2\exp\left(\dfrac{-1+\sqrt{2}-\sqrt{5}+\sqrt{10}}{2}x\right)$$
$$+ C_3\exp\left(\dfrac{-1+\sqrt{2}+\sqrt{5}-\sqrt{10}}{2}x\right) + C_4\exp\left(\dfrac{-1-\sqrt{2}-\sqrt{5}-\sqrt{10}}{2}x\right).$$

解　　答　　　　　　　　　　　　　　　**165**

(4) $\dfrac{1}{D^2(D+1)^2}xe^x\sin x = \dfrac{1}{2i}\left\{e^{(1+i)x}\dfrac{1}{(D+1+i)^2(D+2+i)^2}x\right.$
$\left.-e^{(1-i)x}\dfrac{1}{(D+1-i)^2(D+2-i)^2}x\right\}$
$= \dfrac{e^x}{2i}\left\{(\cos x+i\sin x)\dfrac{1}{(-8+6i)+(-6+22i)D}x\right.$
$\left.+(\cos x-i\sin x)\dfrac{1}{(-8-6i)+(-6-22i)D}x\right\}$

より，求める一般解は，

$$y = e^x\left\{\left(\dfrac{57}{250}-\dfrac{2}{25}x\right)\sin x - \left(\dfrac{1}{250}+\dfrac{3}{50}x\right)\cos x\right\}$$
$$+ e^{-x}(C_1+C_2x)+C_3+C_4x.$$

(5) $\dfrac{1}{D^2+D+1}x^2\cos x = \dfrac{1}{2}\left\{e^{ix}\dfrac{1}{(D+i)^2+(D+i)+1}x^2\right.$
$\left.+e^{-ix}\dfrac{1}{(D-i)^2+(D-i)+1}x^2\right\}$

より，求める一般解は，

$$y = (2x-6)\cos x + (x^2-4x+6)\sin x$$
$$+ e^{-x/2}\left\{C_1\sin\left(\dfrac{\sqrt{3}}{2}x\right)+C_2\cos\left(\dfrac{\sqrt{3}}{2}x\right)\right\}.$$

(6) $\dfrac{1}{(D^2+1)^2}x^4e^{-x} = e^{-x}\dfrac{1}{(D^2-2D+2)^2}x^4$　より，求める一般解は，

$$y = \dfrac{e^{-x}(-6+24x+24x^2+8x^3+x^4)}{4} + (C_1+C_2x)\cos x + (C_3+C_4x)\sin x.$$

■ 第3章

問題 3.1　(1)　(第2式の微分) − (第1式) × 4 を作って，$(D^2+12)y=-3$. 求める解は，

$$x(t) = -\dfrac{1}{2}+\dfrac{1}{4}t-\dfrac{\sqrt{3}}{2}C_2\cos(2\sqrt{3}\,t)+\dfrac{\sqrt{3}}{2}C_1\sin(2\sqrt{3}\,t),$$
$$y(t) = -\dfrac{1}{4}+C_1\cos(2\sqrt{3}\,t)+C_2\sin(2\sqrt{3}\,t).$$

(2)　(第1式) − (第2式の微分) を作って，$(5-D^2)y=e^t$. 求める解は，

$$x(t) = \dfrac{1}{3}-\dfrac{1}{12}e^t-\dfrac{\sqrt{5}}{3}C_1e^{\sqrt{5}\,t}+\dfrac{\sqrt{5}}{3}C_2e^{-\sqrt{5}\,t},\ y(t) = \dfrac{1}{4}e^t+C_2e^{\sqrt{5}\,t}+C_1e^{-\sqrt{5}\,t}.$$

問題 3.2　(1)　$P=\begin{bmatrix}1 & -1 \\ 1 & 1\end{bmatrix}$ とおくと，$P^{-1}AP=\begin{bmatrix}5 & 0 \\ 0 & 3\end{bmatrix}$. これより，

$$e^A = \dfrac{1}{2}\begin{bmatrix}e^3+e^5 & e^5-e^3 \\ e^5-e^3 & e^3+e^5\end{bmatrix},\quad e^{tA} = \dfrac{1}{2}\begin{bmatrix}e^{3t}+e^{5t} & e^{5t}-e^{3t} \\ e^{5t}-e^{3t} & e^{3t}+e^{5t}\end{bmatrix}$$

(2) $P = \begin{bmatrix} -3 & -2 \\ 1 & 1 \end{bmatrix}$ とおくと，$P^{-1}AP = \begin{bmatrix} 1 & 0 \\ 0 & 0 \end{bmatrix}$. これより，

$$e^A = \begin{bmatrix} 3e-2 & 6e-6 \\ 1-e & 3-2e \end{bmatrix}, \quad e^{tA} = \begin{bmatrix} 3e^t-2 & 6e^t-6 \\ 1-e^t & 3-2e^t \end{bmatrix}$$

問題 3.3 (1) $e^A = \begin{bmatrix} \cos 4 & -\sin 4 \\ \sin 4 & \cos 4 \end{bmatrix}$, $e^{tA} = \begin{bmatrix} \cos 4t & -\sin 4t \\ \sin 4t & \cos 4t \end{bmatrix}$

(2) $e^A = \dfrac{e^2\sqrt{2}}{2}\begin{bmatrix} 1 & -1 \\ 1 & 1 \end{bmatrix}$, $e^{tA} = e^{2t}\begin{bmatrix} \cos\dfrac{\pi t}{4} & -\sin\dfrac{\pi t}{4} \\ \sin\dfrac{\pi t}{4} & \cos\dfrac{\pi t}{4} \end{bmatrix}$

(3) $P = \begin{bmatrix} 1 & -1 \\ 1 & 0 \end{bmatrix}$ とおくと，$P^{-1}AP = \begin{bmatrix} 0 & 4 \\ -4 & 0 \end{bmatrix}$. これより，

$$e^A = \begin{bmatrix} \cos 4 - \sin 4 & 2\sin 4 \\ -\sin 4 & \cos 4 + \sin 4 \end{bmatrix}, \quad e^{tA} = \begin{bmatrix} \cos 4t - \sin 4t & 2\sin 4t \\ -\sin 4t & \cos 4t + \sin 4t \end{bmatrix}$$

(4) $P = \begin{bmatrix} -1 & 1 \\ 2 & 0 \end{bmatrix}$ とおくと，$P^{-1}AP = \begin{bmatrix} 3 & -3 \\ 3 & 3 \end{bmatrix}$. これより，

$$e^A = e^3 \begin{bmatrix} \cos 3 + \sin 3 & \sin 3 \\ -2\sin 3 & \cos 3 - \sin 3 \end{bmatrix},$$

$$e^{tA} = e^{3t} \begin{bmatrix} \cos 3t + \sin 3t & \sin 3t \\ -2\sin 3t & \cos 3t - \sin 3t \end{bmatrix}$$

問題 3.4 (1) $P = \begin{bmatrix} 4 & 1 \\ 4 & 0 \end{bmatrix}$ とおくと，$P^{-1}AP = \begin{bmatrix} 6 & 1 \\ 0 & 6 \end{bmatrix}$. これより，

$$e^A = e^6 \begin{bmatrix} 5 & -4 \\ 4 & -3 \end{bmatrix}, \quad e^{tA} = e^{6t}\begin{bmatrix} 1+4t & -4t \\ 4t & 1-4t \end{bmatrix}$$

(2) $P = \begin{bmatrix} 3 & 1 \\ 2 & 1 \end{bmatrix}$ とおくと，$P^{-1}AP = \begin{bmatrix} -3 & 1 \\ 0 & -3 \end{bmatrix}$. これより，

$$e^A = e^{-3}\begin{bmatrix} -5 & 9 \\ -4 & 7 \end{bmatrix}, \quad e^{tA} = e^{-3t}\begin{bmatrix} 1-6t & 9t \\ -4t & 6t+1 \end{bmatrix}$$

問題 3.5 (1) $A = \begin{bmatrix} 4 & 1 \\ 1 & 4 \end{bmatrix}$, $P = \begin{bmatrix} -1 & 1 \\ 1 & 1 \end{bmatrix}$ とおくと，$P^{-1}AP = \begin{bmatrix} 3 & 0 \\ 0 & 5 \end{bmatrix}$. 求める一般解は，$x(t) = C_1 e^{5t} + C_2 e^{3t}$, $y(t) = C_1 e^{5t} - C_2 e^{3t}$.

(2) $A = \begin{bmatrix} 3 & 6 \\ -1 & -2 \end{bmatrix}$, $P = \begin{bmatrix} -3 & -2 \\ 1 & 1 \end{bmatrix}$ とおくと，$P^{-1}AP = \begin{bmatrix} 1 & 0 \\ 0 & 0 \end{bmatrix}$. 求める一般解は，$x(t) = -2C_1 - 3C_2 e^t$, $y(t) = C_1 + C_2 e^t$.

(3) $A = \begin{bmatrix} 8 & -3 \\ 15 & -4 \end{bmatrix}$, $P = \begin{bmatrix} 2 & 1 \\ 5 & 0 \end{bmatrix}$ とおくと，$P^{-1}AP = \begin{bmatrix} 2 & 3 \\ -3 & 2 \end{bmatrix}$. 求める一般解は，$x(t) = e^{2t}(C_1 \cos 3t + C_2 \sin 3t)$, $y(t) = e^{2t}\{(2C_1 - C_2)\cos 3t + (C_1 + 2C_2)\sin 3t\}$.

(4) $A = \begin{bmatrix} -7 & 9 \\ -4 & 5 \end{bmatrix}$, $P = \begin{bmatrix} 3 & 1 \\ 2 & 1 \end{bmatrix}$ とおくと，$P^{-1}AP = \begin{bmatrix} -1 & 1 \\ 0 & -1 \end{bmatrix}$. 求める一般解は，$x(t) = e^{-t}(C_1 + C_2 t)$, $y(t) = \dfrac{1}{9}e^{-t}(6C_1 + 6C_2 t + C_2)$.

解　　答　　167

問題 3.6　一般解は, $x(t) = C_1 e^{2t} + 2C_2 e^{3t}$, $y(t) = C_1 e^{2t} + C_2 e^{3t}$. 求める特殊解は, $x(t) = 4e^{2t} - 4e^{3t}$, $y(t) = 4e^{2t} - 2e^{3t}$.

問題 3.7　(1)　平衡点は原点. 相図は,

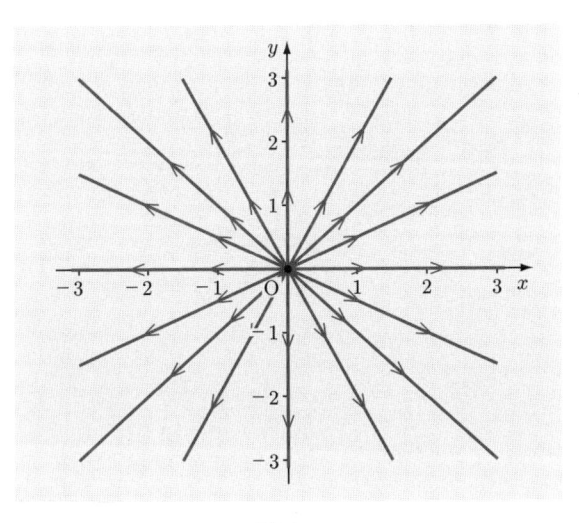

図 B.1

(2)　平衡点は原点. 相図は,

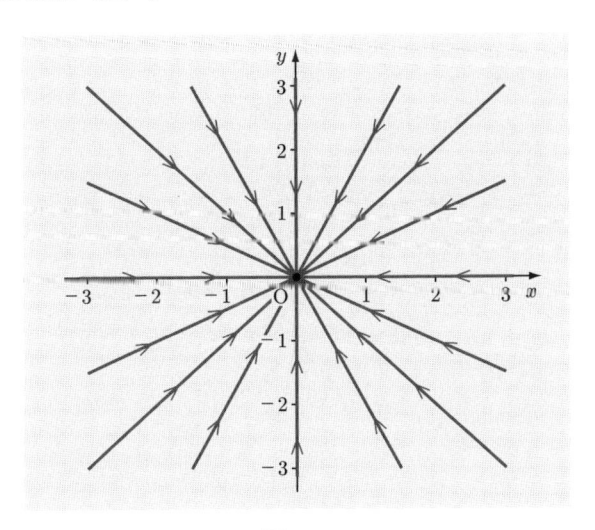

図 B.2

問題 3.8 (1) 平衡点は原点．相図は，

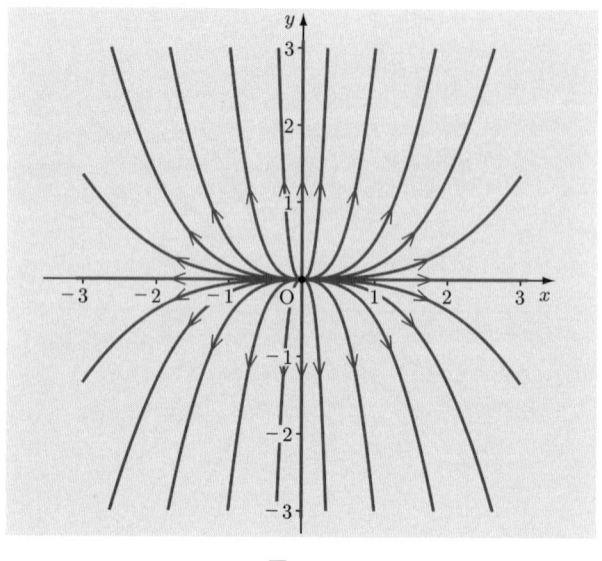

図 B.3

(2) 平衡点は原点．相図は，

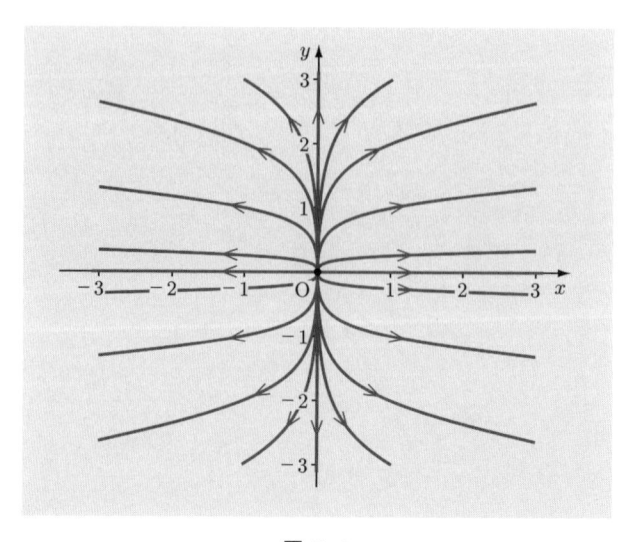

図 B.4

問題 3.9 (1) 平衡点は原点. 相図は,

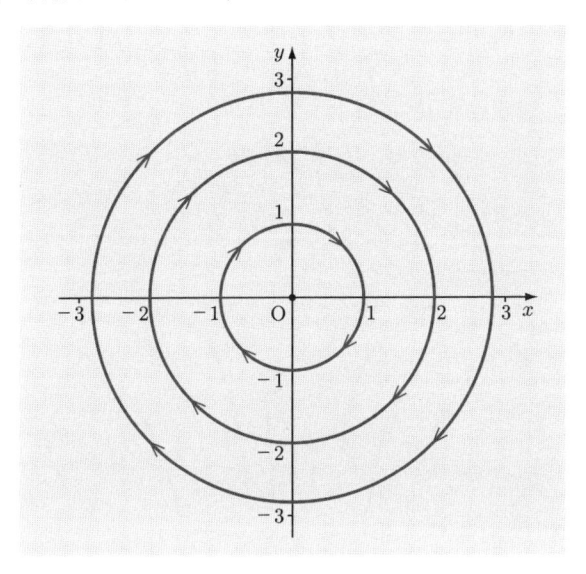

図 B.5

(2) 平衡点は原点. 相図は,

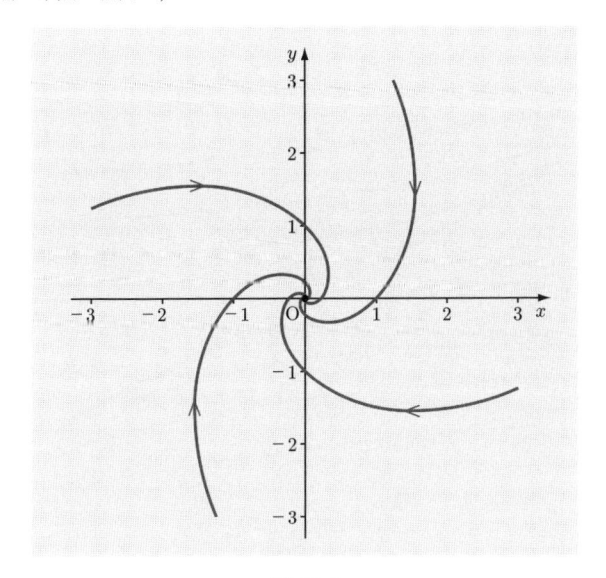

図 B.6

問題 3.10 (1) 平衡点は原点.相図は,

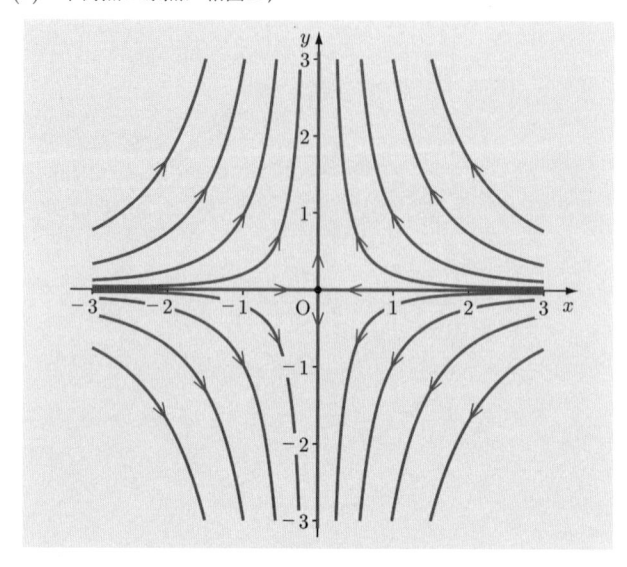

図 B.7

(2) 平衡点は原点.x 軸と直線 $y = -\dfrac{1}{2}x$ 上で直線の傾きと矢印の傾きが一致する.相図は,

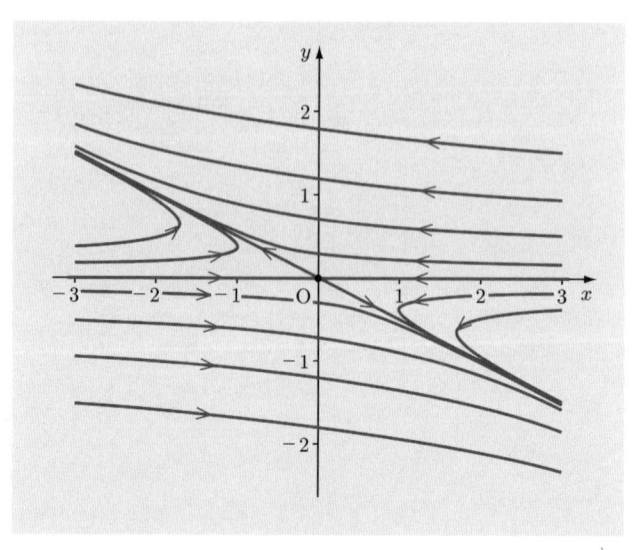

図 B.8

解　　答

問題 3.11　(1)　$\dfrac{d}{dt}F(x(t),\ y(t)) = -3x' - 2y' + 9\dfrac{x'}{x} + 4\dfrac{y'}{y}$
$$= -12x + 6xy + 18y - 6xy + 9(4-2y) + 4(-9+3x) = 0.$$
よって $F(x, y)$ は第一積分である．

(2)　平衡点は原点と $(3, 2)$．

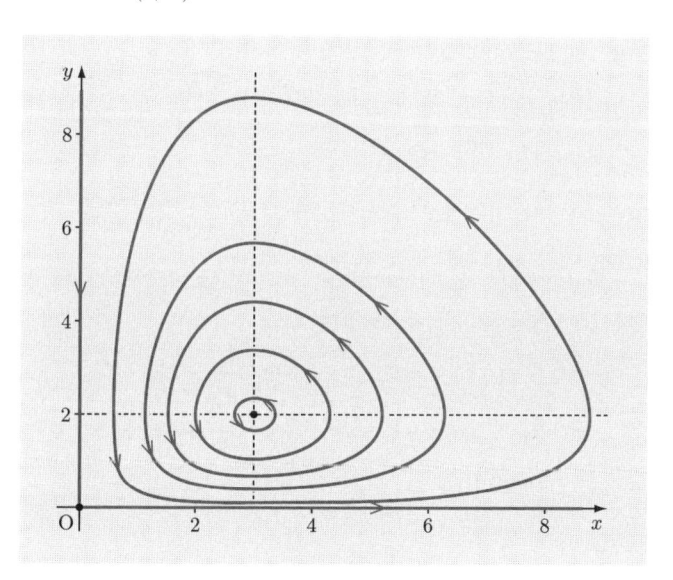

図 B.9

線分 $y = 2,\ 0 < x < 3$ 上の点 P は点 $(3, 2)$ のまわりを一周してまた同じ線分に到達する．この点を P′ とすると，P と P′ において第一積分 $F(x, y)$ の値は一致しなければならないが，$y = 2$ 上で $F(x, 2) = -3x - 4 + 9\log x + 4\log 2$ であり，$0 < x < 3$ のとき $(-3x - 4 + 9\log x + 4\log 2)' = -3 + \dfrac{9}{x} < 0$ で x について減少関数である．したがって P = P′ でなければならない．よって，第 1 象限においてすべての解軌道は閉曲線であり，相図の性質 (3) より，解軌道は $-\infty < t < \infty$ の範囲に拡張できる．

演習 3.1　(1)　(第 2 式の微分) + (第 2 式) × 4 を作ると，
$$(-D-4)x - (2D^2 + 5D - 12)y = 5e^t.$$
第 1 式と辺々加えると，$-(2D^2 + 10D - 12)y = 5e^t$．求める一般解は，
$$x(t) = C_1 e^{-6t} + \left(C_2 - \dfrac{5}{14}t\right)e^t,\ y(t) = \dfrac{C_1}{15}e^{-6t} + \left(C_1 - \dfrac{5}{14}\right)e^t.$$

(2)　第 2 式を 2 回微分して，$D^2 x + 2D^2 y = -\sin t$．第 1 式との差を作ると，$(2D^2 - D - 1)y = -\sin t - \cos t$．求める一般解は，

$$x(t) = C_1 e^t + C_2 e^{-t/2} - \frac{2}{5}\cos t + \frac{1}{5}\sin t,$$
$$y(t) = -\frac{1}{2}C_1 e^t - \frac{1}{2}C_2 e^{-t/2} + \frac{1}{5}\cos t + \frac{2}{5}\sin t.$$

(3) 第2式を微分して，$3D^2 x + 2D^2 y = 1$. 第1式の3倍との差をとって，$6x + (D^2 - 6)y = 3t^2 - 1$. これを微分して，$6Dx + (D^3 - 6D)y = 6t$. この式と第2式の2倍との差をとって，$(D^3 - 10D)y = 4t$. 求める一般解は，

$$x(t) = -\frac{2}{3}C_1 e^{\sqrt{10}\,t} - \frac{2}{3}C_2 e^{-\sqrt{10}\,t} + \frac{3}{10}t^2 + C_3 - \frac{1}{10},$$
$$y(t) = C_1 e^{\sqrt{10}\,t} + C_2 e^{-\sqrt{10}\,t} - \frac{1}{5}t^2 + C_3.$$

(4) $X = D^2 x$, $Y = D^2 y$ と置くと，元の方程式は $\begin{cases} DX + Y = e^{2t} \\ X - DY = e^{3t} \end{cases}$ となる．これを解いて，$X(t) = C_1 \cos x - C_2 \sin x + \frac{2e^{2t}}{5} + \frac{e^{3t}}{10}$, $Y(t) = C_2 \cos x + C_1 \sin x + \frac{e^{2t}}{5} - \frac{3e^{3t}}{10}$. それぞれ2回不定積分すると，求める一般解は，

$$x(t) = -C_1 \cos x + C_2 \sin x + \frac{e^{2t}}{10} + \frac{e^{3t}}{90} + C_3 t + C_4,$$
$$y(t) = -C_2 \cos x - C_1 \sin x + \frac{e^{2t}}{20} - \frac{e^{3t}}{30} + C_5 t + C_6.$$

演習 3.2 (1) $A = \begin{bmatrix} 1 & 2 \\ 2 & -3 \end{bmatrix}$, $P = \begin{bmatrix} 1 & 1 \\ \sqrt{2}-1 & -\sqrt{2}-1 \end{bmatrix}$ とおくと，$P^{-1}AP = \begin{bmatrix} 2\sqrt{2}-1 & 0 \\ 0 & -2\sqrt{2}-1 \end{bmatrix}$. 求める一般解は，

$$x(t) = C_1 e^{(-1+2\sqrt{2})t} + C_2 e^{-(1+2\sqrt{2})t},$$
$$y(t) = \left(\sqrt{2}-1\right)C_1 e^{(-1+2\sqrt{2})t} - \left(\sqrt{2}+1\right)C_2 e^{-(1+2\sqrt{2})t}.$$

(2) $A = \begin{bmatrix} 3 & 4 \\ -5 & 2 \end{bmatrix}$, $P = \begin{bmatrix} 8 & 0 \\ -1 & \sqrt{79} \end{bmatrix}$ とおくと，$P^{-1}AP = \frac{1}{2}\begin{bmatrix} 5 & \sqrt{79} \\ -\sqrt{79} & 5 \end{bmatrix}$. 求める一般解は，

$$x(t) = \exp\left(\frac{5}{2}t\right)\left\{C_1 \cos\left(\frac{\sqrt{79}}{2}t\right) + C_2 \sin\left(\frac{\sqrt{79}}{2}t\right)\right\},$$
$$y(t) = -\frac{1}{8}\exp\left(\frac{5}{2}t\right)\left\{(C_1 - C_2\sqrt{79})\cos\left(\frac{\sqrt{79}}{2}t\right) + (C_1\sqrt{79} + C_2)\sin\left(\frac{\sqrt{79}}{2}t\right)\right\}.$$

(3) $a > 0$ のとき $x(t) = C_1 e^{\sqrt{a}\,t} + C_2 e^{-\sqrt{a}\,t}$, $y(t) = \frac{1}{\sqrt{a}}\left(C_1 e^{\sqrt{a}\,t} - C_2 e^{-\sqrt{a}\,t}\right)$. $a = 0$ のとき $x(t) = C_1$, $y(t) = C_1 x + C_2$. $a < 0$ のとき

$$x(t) = C_1 \cos(\sqrt{|a|}\,t) + C_2 \sin(\sqrt{|a|}\,t),$$
$$y(t) = \frac{1}{\sqrt{|a|}}\left\{-C_2 \cos(\sqrt{|a|}\,t) + C_1 \sin(\sqrt{|a|}\,t)\right\}.$$

(4) $a \neq 0$ のとき $x(t) = C_1 \exp\left(\sqrt{a^2+1}\,t\right) + C_2 \exp\left(-\sqrt{a^2+1}\,t\right)$,
$y(t) = \dfrac{1+\sqrt{a^2+1}}{a} C_1 \exp\left(\sqrt{a^2+1}\,t\right) + \dfrac{1-\sqrt{a^2+1}}{a} C_2 \exp\left(-\sqrt{a^2+1}\,t\right)$.
$a = 0$ のとき $x(t) = C_1 e^{-t}$, $y(t) = C_2 e^t$.

演習 3.3 (1) 平衡点は無し. $\dfrac{dy}{dx} = 1$ より, 解軌道は傾き 1 の直線. 相図は,

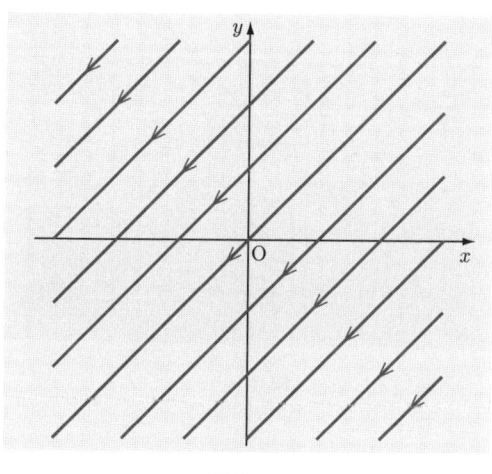

図 B.10

(2) xy 平面上のすべての点が平衡点. 相図は,

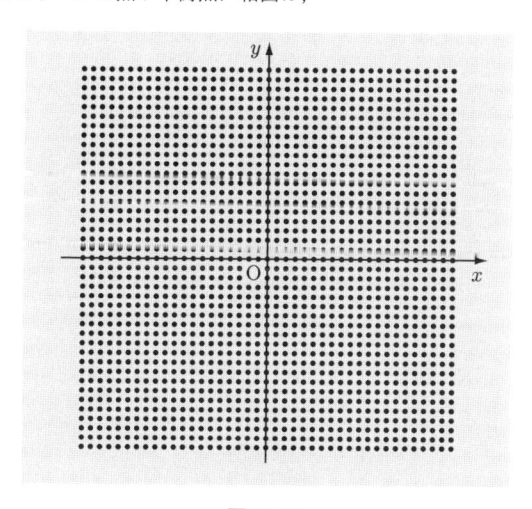

図 B.11

(3) 平衡点は直線 $y=x$ 上のすべての点．相図は，

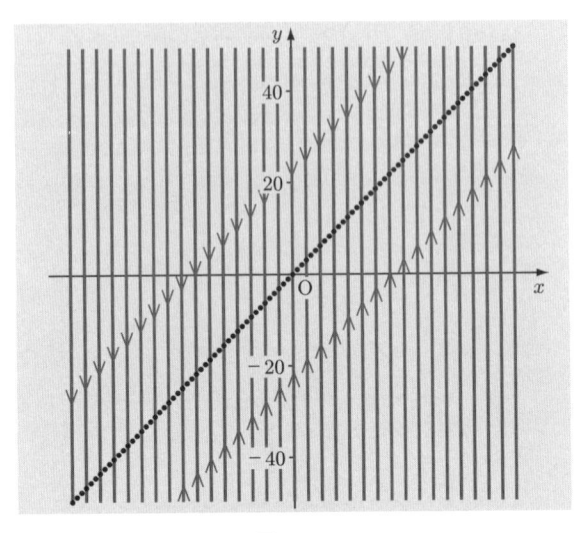

図 B.12

(4) 平衡点は x 軸上のすべての点．相図は，

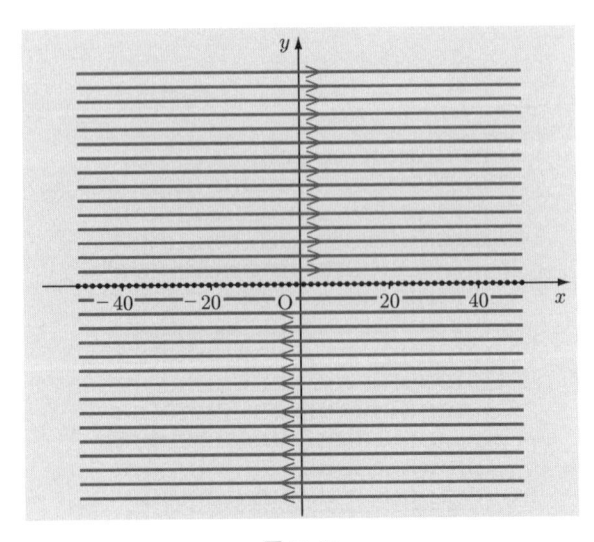

図 B.13

(5) 平衡点は原点.直線 $y=-x$, $y=\dfrac{1}{2}x$ 上で直線の傾きと矢印の傾きが一致する.相図は,

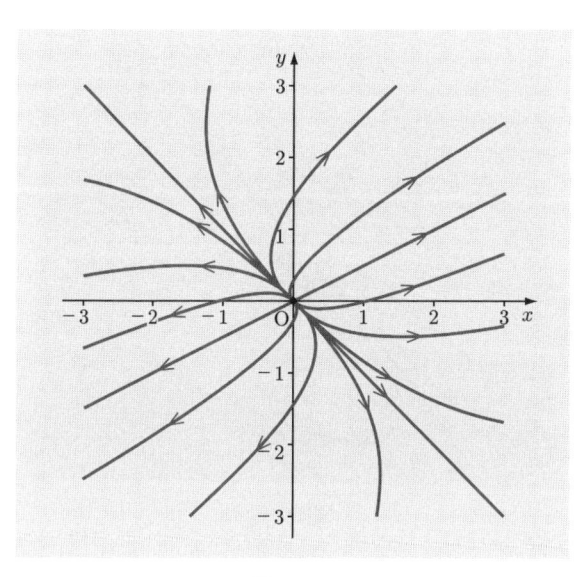

図 B.14

(6) 平衡点は原点.x 軸上で直線の傾きと矢印の傾きが一致する.相図は,

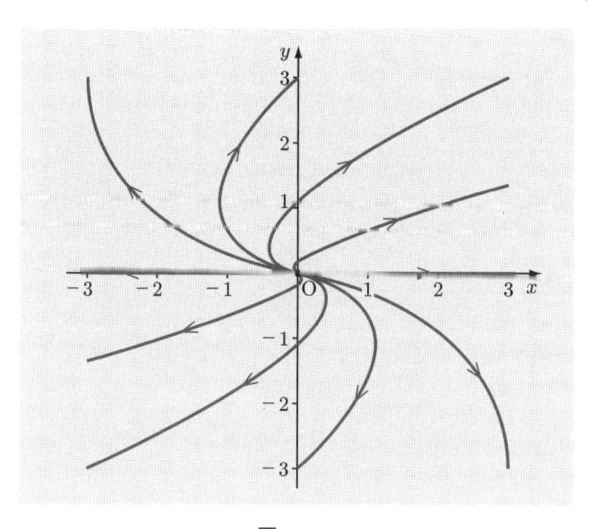

図 B.15

(7) 平衡点は原点．直線 $y = x$ 上で直線の傾きと矢印の傾きが一致する．相図は，

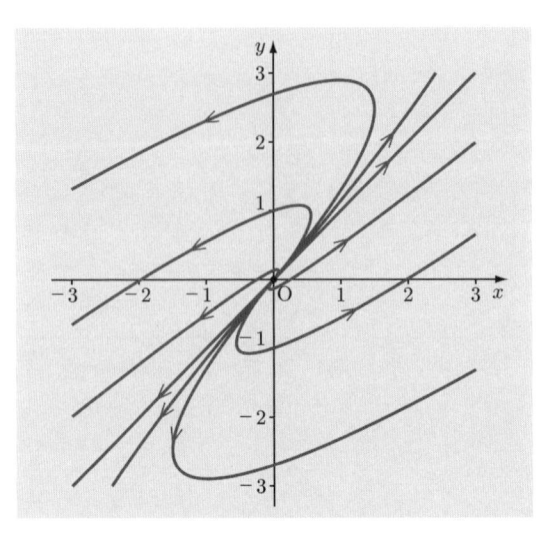

図 B.16

(8) 平衡点は原点．$\dfrac{dy}{dx} = \dfrac{3x - 2y}{2x - 7y}$ を同次形の微分方程式とみて解くと，解は $3x^2 - 4xy + 7y^2 = C$．よって解軌道は原点を中心とする楕円であり，相図は，

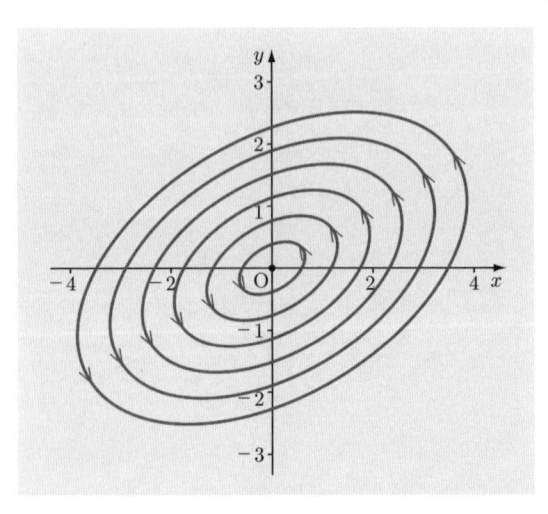

図 B.17

(9) 平衡点は原点. $\dfrac{dy}{dx} = \dfrac{x^2}{y}$ を変数分離形の微分方程式とみて解くと,解は $\dfrac{y^2}{2} = \dfrac{x^3}{3} + C$. 特に, $y = \pm\sqrt{\dfrac{2}{3}}\, x^{3/2}$ が解軌道になる. 相図は,

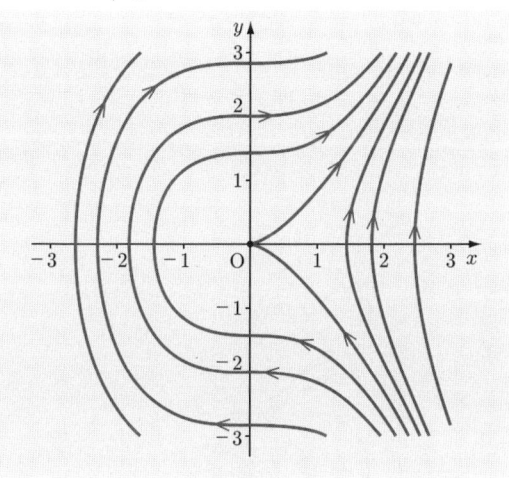

図 B.18

(10) 平衡点は原点. $\dfrac{dy}{dx} = \dfrac{y^2}{x^2}$ を変数分離形の微分方程式とみて解くと,解は $y = \dfrac{x}{1+Cx}$, $y = 0$. 相図は,

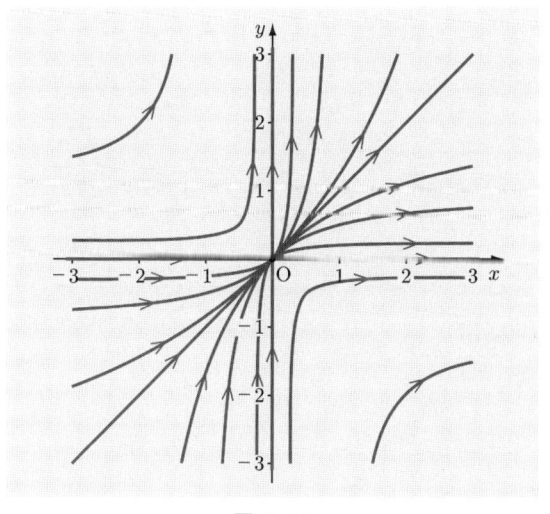

図 B.19

演習 3.4 (1) 商の微分法より,

$$\frac{d}{dt}F(x(t), y(t)) = \frac{(x^2+y^2)'x - (x^2+y^2) \cdot x'}{x^2}$$
$$= \frac{(2xx' + 2yy')x - (x^2+y^2)x'}{x^2}$$
$$= \frac{\{2x \cdot 2xy + 2y(y^2 - x^2)\}x - (x^2+y^2) \cdot 2xy}{x^2} = 0.$$

よって $F(x, y)$ は第一積分である.

(2) 平衡点は原点. 解軌道 $x^2 + y^2 = Cx$ は原点を通り, 中心が x 軸上にある円であるから, 相図は,

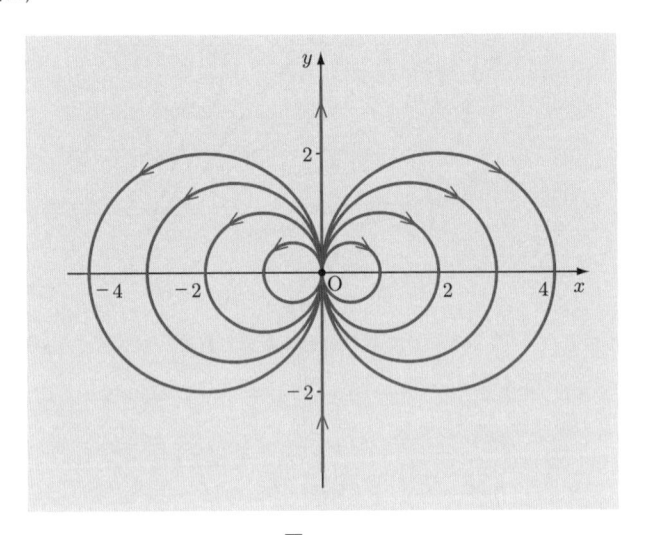

図 B.20

図より, y 軸の $y > 0$ の部分が $t \to \infty$ のとき $|x| + |y| \to \infty$ となる解軌道である (それ以外の解軌道はすべて $t \to \infty$ のとき原点に近づく).

第 4 章

問題 4.1 (1) $y = C\left(1 - x + \frac{1}{2!}x^2 - \cdots + \frac{(-1)^n}{n!}x^n + \cdots\right)$

(2) $y = 1 + C\left(1 + x + \frac{1}{2!}x^2 + \frac{1}{3!}x^3 + \cdots + \frac{1}{n!}x^n + \cdots\right)$

(3) $y = C_1\left(1 - \frac{1}{2!}x^2 + \frac{1}{4!}x^4 - \cdots + \frac{(-1)^n}{2n!}x^{2n} + \cdots\right)$
$+ C_2\left(x - \frac{1}{3!}x^3 + \frac{1}{5!}x^5 - \cdots + \frac{(-1)^n}{(2n+1)!}x^{2n+1} + \cdots\right)$

(4) $y = -2 - x^2 + C_1 \left(1 + \dfrac{1}{2!}x^2 + \dfrac{1}{4!}x^4 + \cdots + \dfrac{1}{2n!}x^{2n} + \cdots \right)$
$\qquad + C_2 \left(x + \dfrac{1}{3!}x^3 + \dfrac{1}{5!}x^5 + \cdots + \dfrac{1}{(2n+1)!}x^{2n+1} + \cdots \right)$

問題 4.2 漸化式は, $a_{m+2} = \dfrac{(m+n)(m-n)}{(m+1)(m+2)} a_m$. 求める級数解は,
$y = C_1 T_n(x) + C_2 U_n(x)$, ただし
$$T_n(x) = \frac{n}{2} \sum_{m=0}^{[n/2]} (-1)^m \frac{(n-m-1)!}{m!\,(n-2m)!} (2x)^{n-2m} \quad (\text{第 1 種チェビシェフ多項式}),$$
$$U_n(x) = \sum_{m=0}^{[n/2]} (-1)^m \frac{(n-m)!}{m!\,(n-2m)!} (2x)^{n-2m} \quad (\text{第 2 種チェビシェフ多項式})$$
ここで, $[n/2]$ は $n/2$ の小数点以下を切り捨てた整数を表す.

問題 4.3 $x = 0$ で確定特異点を持つ. 決定方程式の解は, $\rho = 1$ (重解). よって,
$J_1(x) = \sum_{m=1}^{\infty} a_m x^m$, $N_1(x) = k J_1(x) \log x + \sum_{m=1}^{\infty} b_m x^m$ の形の級数解を持つ. $\{a_m\}$ の漸化式は, $a_{m+2} = -\dfrac{1}{(m+2)(m+4)} a_m$. 求める級数解は, $y = C_1 J_1(x) + C_2 N_1(x)$, ただし
$$J_1(x) = \frac{x}{2} \sum_{k=0}^{\infty} \frac{(-1)^k}{k!\,(k+1)!} \left(\frac{x}{2}\right)^{2k} \quad (\text{第 1 種 1 次ベッセル関数}),$$
$$N_1(x) = J_1(x) \log x - \frac{1}{x} - \frac{1}{2} \sum_{k=1}^{\infty} \frac{(-1)^k}{k!\,(k+1)!} \left\{2\left(1 + \frac{1}{2} + \cdots + \frac{1}{k}\right)\right.$$
$$\left. + \frac{1}{k+1} - 1\right\} \left(\frac{x}{2}\right)^{1+2k} \quad (\text{第 2 種 1 次ベッセル関数})$$

演習 4.1 (1) $a_1 = a_0^2$, $2a_2 = 2a_0 a_1 = 2a_0^3$, $3a_3 = 2a_2 a_0 + a_1^2 = 3a_0^4, \ldots$ より, $a_n = a_0^{n+1}$ $(n = 1, 2, \ldots)$. よって, 求める級数解は $y = C + C^2 x + C^3 x^2 + \cdots + C^{n+1} x^n + \cdots$

(2) $y = C_1 + C_2 x + \dfrac{1}{2} x^2 - \dfrac{1}{72} x^4 + \cdots + \dfrac{(-1)^{n+1}}{2n!\,(2n-1)} x^{2n} + \cdots$

演習 4.2 (1) 数学的帰納法を用いる. $y^{(n)} = (n-1)! e^{ny}$ は $n = 1$ のとき成り立っている. 次に, $n = k$ のとき成り立つと仮定すると $y^{(k)} = (k-1)! e^{ky}$. 両辺を x で微分すると, 合成関数の微分法より $y^{(k+1)} = (k-1)! \cdot k e^{ky} \cdot y' = k! e^{(k+1)y}$. よって $n = k+1$ のときも成り立つ. 以上よりすべての n で成り立つ.

(2) (1) より, $y^{(n)}(0) = (n-1)! e^{ny(0)} = (n-1)! e^{nc}$. テイラーの定理より
$$y = y(0) + y'(0) x + \frac{y''(0)}{2!} x^2 + \cdots + \frac{y^{(n)}(0)}{n!} x^n + \cdots$$
$$= c + e^c x + \frac{1! e^{2c}}{2!} x^2 + \cdots + \frac{(n-1)! e^{nc}}{n!} x^n + \cdots.$$
求める級数解は, $y = c + e^c x + \dfrac{e^{2c}}{2} x^2 + \cdots + \dfrac{e^{nc}}{n} x^n + \cdots$

演習 **4.3** (1) $y = C\left\{1 - \dfrac{p-1}{p(p-1)}x + \dfrac{(p-1)(3p-1)}{p(p-1)2p(2p-1)}x^2 - \dfrac{(p-1)(3p-1)(5p-1)}{p(p-1)2p(2p-1)3p(3p-1)}x^3 + \cdots\right\}$

(2) $p = \dfrac{1}{2n-1}$ ($n = 1, 2, \ldots$), すなわち, p が正の奇数の逆数であること.

演習 **4.4** $x = 0$ で特異点を持たない. 求める級数解は, $y = C_1\varphi_1(x) + C_2\varphi_2(x)$. ただし

$\varphi_1(x) = 1 + \displaystyle\sum_{k=1}^{\infty} \dfrac{-n(2-n)(4-n)\cdots(2k-2-n)\cdot(n+1)(n+3)\cdots(n+2k-1)}{2k!}x^{2k}$,

$\varphi_2(x) = x + \displaystyle\sum_{k=1}^{\infty} \dfrac{(1-n)(3-n)\cdots(2k-1-n)\cdot(n+2)(n+4)\cdots(n+2k)}{(2k+1)!}x^{2k+1}$.

n が偶数のとき $\varphi_1(x)$ は n 次の多項式であり, n が奇数のとき $\varphi_2(x)$ は n 次の多項式である. この多項式解を定数倍して $x = 1$ のときの値が 1 になるようにしたものを n 次のルジャンドル多項式 $P_n(x)$ と呼ぶ.

演習 **4.5** $x = 0$ で確定特異点を持つ. 決定方程式の解は $\rho = 0$ (重解). 求める級数解は, $y = C_1 L_n(x) + C_2 L_n^*(x)$, ただし

$L_0(x) = 1, \quad L_n(x) = \displaystyle\sum_{k=0}^{n}(-1)^k \dfrac{n!}{(n-k)!\,k!\,k!}x^k \quad (n\text{ 次のラゲール多項式})$,

$L_n^*(x) = L_n(x)\log x + \displaystyle\sum_{k=0}^{n-1} \dfrac{(-1)^k \cdot n!}{(n-k)!\,k!\,k!}\left\{\sum_{l=1}^{n-k}\left(\dfrac{2}{n-l+1} + \dfrac{1}{l}\right)\right\}x^k$

$\qquad + \displaystyle\sum_{k=1}^{\infty} \dfrac{(-1)^n(k-1)!\,n!}{(n+k)!\,(n+k)!}x^{n+k}$

ただし, $n = 0$ のときは $L_n^*(x)$ の式の右辺の第 2 項は 0 とする.

演習 **4.6** γ が整数でないとき, $x = 0$ で確定特異点を持つ. 決定方程式の解は $\rho = 0,\ 1-\gamma$. 求める級数解は, $y = C_1 u_1(x) + C_2 u_2(x)$, ただし

$u_1(x) = F(\alpha,\ \beta,\ \gamma;\ x)$ (**ガウス (Gauss) の超幾何級数**)

$\qquad = 1 + \displaystyle\sum_{n=1}^{\infty} \dfrac{\alpha(\alpha+1)\cdots(\alpha+n-1)\beta(\beta+1)\cdots(\beta+n-1)}{n!\,\gamma(\gamma+1)\cdots(\gamma+n-1)}x^n$,

$u_2(x) = x^{1-\gamma} F(\alpha - \gamma + 1,\ \beta - \gamma + 1,\ 2 - \gamma;\ x)$

γ が整数のときは複雑なので省略する.

索 引

あ 行

鞍点　123
一般解　1
一般固有ベクトル　105
陰関数　15
エルミート多項式　135
エルミートの微分方程式　135
演算子法　83
オイラーの公式　48
オイラーの微分方程式　77
オイラー法　148
折れ線近似　147

か 行

解軌道　111
解曲線図　2
解空間　45
ガウスの超幾何級数　180
確定特異点　136
渦状点　120
渦心点　120
完全形　39
基本解　52, 59
逆演算子　83
逆三角関数　6
逆双曲線関数　6
級数解　131

境界条件　67
境界値問題　62, 67
行列の指数関数　99
決定方程式　77, 136
合成関数の微分法　6
項別積分　131
項別微分　131
コーシーの微分方程式　77

さ 行

修正オイラー法　148
重複度　57
主値　6
常微分方程式　2
初期条件　10
初期値問題　59
初期値問題を解く　10
自励系　110
斉次（1階線形微分方程式）　26
斉次（2階線形微分方程式）　44
斉次部分　45
積の微分法　7
積分因子　42
全微分方程式　37
双曲線関数　5
相図　110

た　行

第 1 種 1 次ベッセル関数　179
第 1 種チェビシェフ多項式　179
第 2 種 1 次ベッセル関数　179
第 2 種チェビシェフ多項式　179
第 1 種 0 次ベッセル関数　144
第 2 種 0 次ベッセル関数　144
第一積分　125
代数学の基本定理　62
チェビシェフの微分方程式　135
置換積分法　6
超幾何微分方程式　145
沈点　113
定数係数微分方程式　52
定数変化法　74
同次（1 階線形微分方程式）　26
同次（2 階線形微分方程式）　44
同次形　20
同伴方程式　45, 73
特異点　136
特殊解　1
特性解　52
特性方程式　52, 57
閉じた形　131

な　行

ノルム　149

は　行

半減期　3
微分演算子　78
部分積分法　6
平衡点　110
べき級数解　131
ベッセルの微分方程式　144
ベルヌーイの微分方程式　30
変数係数微分方程式　52
変数分離形　8
偏微分方程式　3

ま　行

未定係数法　63

や　行

湧点　113

ら　行

ライプニッツの公式　7
ラゲール多項式　180
ラゲールの微分方程式　145
リッカチの微分方程式　30
リプシッツ条件　149
ルジャンドル多項式　180
ルジャンドルの微分方程式　145
ルンゲ-クッタ法　148
連立定数係数斉次線形微分方程式　106
連立定数係数線形微分方程式　96
ロジスティック方程式　4
ロトカ-ヴォルテラ方程式　129
ロンスキアン　74

欧字

0 次の同次式　19
1 階線形微分方程式　26
1 階の微分方程式　1
1 階連立微分方程式　96

2 階線形微分方程式　44
2 階の微分方程式　1
n 階線形微分方程式　44
n 次の同次式　19

監修者略歴

河 東 泰 之
(かわ ひがし やす ゆき)

1985 年　東京大学理学部数学科卒業
1989 年　カリフォルニア大学ロサンゼルス校　Ph.D.
　　　　東京大学理学部数学科助手を経て
現　在　東京大学大学院数理科学研究科教授

著者略歴

泉　英 明
(いずみ ひで あき)

1992 年　東北大学理学部数学科卒業
1998 年　東北大学大学院理学研究科数学専攻博士後期課程
　　　　修了
　　　　日本学術振興会特別研究員（PD）
　　　　千葉工業大学情報科学部講師を経て
現　在　千葉工業大学情報科学部教授　博士（理学）

ライブラリ 数学コア・テキスト＝3

コア・テキスト 微分方程式

2010 年 3 月 25 日 Ⓒ　　　初 版 発 行
2022 年 2 月 25 日　　　　初版第 7 刷発行

監修者　河 東 泰 之　　　発行者　森 平 敏 孝
著　者　泉　　英 明　　　印刷者　山 岡 影 光
　　　　　　　　　　　　製本者　小 西 惠 介

発行所　**株式会社　サイエンス社**

〒151-0051 東京都渋谷区千駄ヶ谷 1 丁目 3 番 25 号
営業　☎(03) 5474-8500（代）　振替 00170-7-2387
編集　☎(03) 5474-8600（代）
FAX　☎(03) 5474-8900

印刷　三美印刷（株）　　製本　ブックアート
《検印省略》

本書の内容を無断で複写複製することは、著作者および
出版者の権利を侵害することがありますので、その場合
にはあらかじめ小社あて許諾をお求め下さい。

ISBN978-4-7819-1248-6

PRINTED IN JAPAN

━━━━━ 新版 演習数学ライブラリ ━━━━━

新版 演習線形代数
　　　　寺田文行著　　２色刷・Ａ５・本体1980円

新版 演習微分積分
　　　　寺田・坂田共著　　２色刷・Ａ５・本体1850円

新版 演習微分方程式
　　　　寺田・坂田共著　　２色刷・Ａ５・本体1900円

新版 演習ベクトル解析
　　　　寺田・坂田共著　　２色刷・Ａ５・本体1700円
　＊表示価格は全て税抜きです．
━━━━━━━ サイエンス社 ━━━━━━━